高职高专计算机系列规划教材

大学计算机基础教程

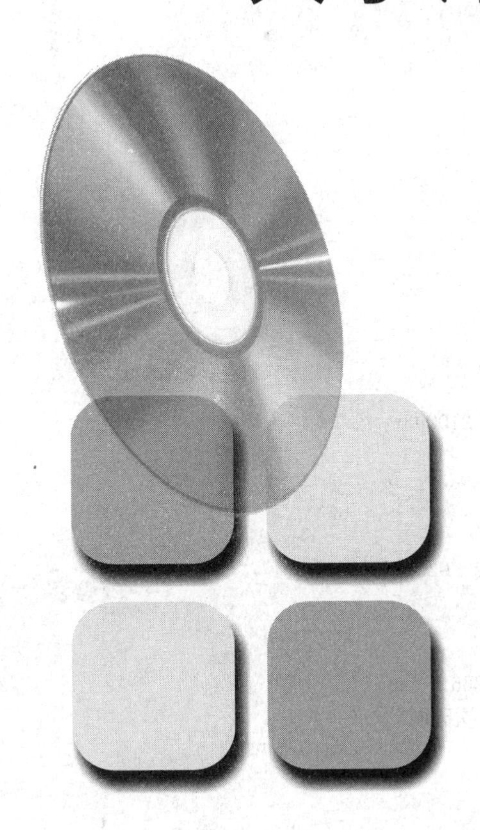

主　编　徐　彬
参　编　徐　晔　徐　卉
王纪萍

南京大学出版社

图书在版编目(CIP)数据

大学计算机基础教程 / 徐彬主编. — 南京 : 南京大学出版社, 2017.6(2018.7 重印)

ISBN 978-7-305-18708-7

Ⅰ. ①大… Ⅱ. ①徐… Ⅲ. ①电子计算机—高等学校—教材 Ⅳ. ①TP3

中国版本图书馆 CIP 数据核字(2017)第 114452 号

出版发行 南京大学出版社
社　　址 南京市汉口路 22 号　　　邮　编 210093
出 版 人 金鑫荣

书　　名 大学计算机基础教程
主　　编 徐　彬
责任编辑 薛　艳　吴　汀　　　编辑热线 025-83593923

照　　排 南京南琳图文制作有限公司
印　　刷 盐城市华光印刷厂
开　　本 787×1092　1/16　印张 11.5　字数 266 千
版　　次 2017 年 6 月第 1 版　**2018 年 7 月第 2 次印刷**
ISBN 978-7-305-18708-7
定　　价 28.00 元

网址：http://www.njupco.com
官方微博：http://weibo.com/njupco
官方微信号：njupress
销售咨询热线：(025) 83594756

前　言

随着信息技术的飞速发展，信息技术不断深入人们生活和工作的各个领域，影响越来越深远。同时，它也对各高校的计算机基础教学提出了新的要求。作为当代的大学生，不仅应该能够操作 Windows、Office 等一系列软件，还应具备一定的信息技术相关领域的知识。

作为大学一年级开设的课程，我们首先想到的是要面对来自全国各地的新同学。他们有的来自教育发达地区，有的来自教育欠发达的边远地区。他们在中小学阶段所受计算机信息技术教育的水平参差不齐，为此我们编写本教材的原则是从零开始，从最浅层入手，逐步深化，最后达到一定的深度。同时编入一些较新、较深的内容，以满足有一定基础的学生的学习需要。

本书涵盖了江苏省计算机应用能力等级考试一级 B 大纲的要求，着重体现以应用为目的，力求做到深入浅出，循序渐进，体系全面，特别适合作为高等院校非计算机专业基础课教材，也可以作为学习计算机基础知识的培训教材或自学参考书。

本书扩充了原有的计算机基础课程的知识体系，加强了计算机网络、信息安全技术和数据库等领域知识的介绍。其目的是使得学生能够全面地了解和掌握信息技术领域的较新知识，并且培养他们利用信息技术解决实际问题的意识和能力。

全书共分六章，第 1 章信息技术概述，第 2 章计算机硬件，第 3 章计算机软件，第 4 章计算机网络，第 5 章数字媒体及应用，第 6 章信息系统与数据库技术。

本书主要有如下几个特点：

(1) 注重基础理论知识，突出应用能力的培养。

(2) 与时俱进，适应标准，与计算机等级考试接轨。

(3) 内容通俗易懂，易于教学及自主学习。

(4) 精选习题，题型包括填空题、选择题和判断题。

在本书出版过程中，刘长玲老师给出了很多有益的建议。由于信息技术发展迅速，本书涉及的新内容较多，加之作者水平有限，时间仓促，因此书中难免有错误与不妥之处，恳请专家及广大读者批评指正。

编　者

2017 年 5 月

目　录

第1章
信息技术概述

1.1 信息技术

随着计算机技术的快速发展，计算机应用几乎已经深入各行各业。当今社会已进入信息化时代，计算机特别是网络技术的广泛应用，更加促进了信息技术的发展。信息量越大、信息传播效率越高的国家，发展就越迅速。信息已经成为社会进步的巨大推动力。

加快发展信息产业和信息化建设已成为国家的重要战略任务。信息技术的发展水平成为衡量一个国家科技水平的重要标志，也体现出一个国家的现代化水平和综合国力。

1.1.1 信息的含义

信息一词出现频率极高，无处不在，无时不在。物质、能量和信息是人类社会赖以生存和发展的三大基础。世界是由物质组成的，能量是一切物质运动的动力，信息是人类了解自然及人类社会的依据。那么，什么是信息？

信息论之父香农(图1-1)(Claude Elwood Shannon)指出：信息是在通信的一端(信源)精确地或近似地复现另一端(信宿)所挑选的消息。它能够用来消除不确定性的东西。信息具有不确定性减少的能力，信息量就是不确定性减少的程度。

图1-1 香农

图1-2 维纳

控制论之父维纳(图1-2)(Norbert Wiener)指出：信息是人们在适应客观世界，并使这种适应被客观世界感受的过程中与客观世界进行交换的内容的名称。他还指出：信息就是信息，不是物质，也不是能量。

从客观立场上，可将信息定义为事物存在的方式和运动状态的表现形式。这里的“事物”泛指存在于人类社会、思维活动和自然界中一切可能的对象。“存在方式”指事物的内部结构和外部联系。“运动状态”则是指事物在时间和空间上变化所展示的特征、态势和规律。

从认识立场上，信息是指主体所感知或表述的事物存在的方式和运动状态。主体所感知的是外部世界向主体输入的信息，主体所表述的则是主体向外部世界输出的信息。

总之，信息是客观存在的事实，是物质运动轨迹的真实反映。

信息的含义很多，随着时间的推移，信息被赋予了新的含义。在实际生活中，人们都在自觉或不自觉地传递、利用着信息。

1.1.2　信息的特征

信息具有如下特征：

1. 依附性

信息必须借助某种载体才能表现出来。载体又称为媒介，如光、电、声等。

2. 共享性

信息作为一种资源，可在不同群体或个体，也可在不同时间或同一时间被共同分享和占有。这样有利于信息的广泛传播和扩散。

3. 多样性

语言、文字、图形、图像、声音等都是信息多样性的体现。

4. 普遍性

现实世界中，信息无时不在、无处不在。它普遍存在于人类生活的各个方面。

5. 客观性

信息需如实反映客观实际，它是客观事物的属性，可以被感知、处理、传递等。

6. 可传递性

信息的可传递性是信息的本质特征。信息通过载体存储和传递。

1.1.3　信息处理

随着社会的发展与进步，人类对信息不断深入的开发和利用，对信息的处理变得日益重要。信息处理是指信息的采集、输入、加工、存储、输出等过程。被处理的信息通常以某种形式的数据表示，因此信息处理又叫作数据处理。信息处理的过程如图 1－3 所示。

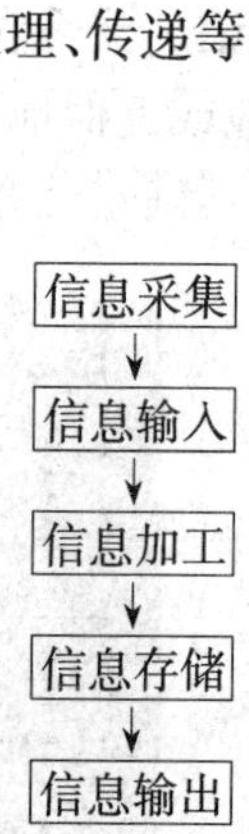

信息采集 → 信息输入 → 信息加工 → 信息存储 → 信息输出

图 1－3　信息处理的过程

1.1.4　信息技术

人类社会之所以如此丰富多彩，都是源于信息和信息技术的持续进步。电子计算机和现代通信技术在信息的获取、传递、存储、处理、显示和分配中的成功应用，充分显示出现代信息技术的进步。

信息技术(Information Technology,简称IT)是利用科学的原理、方法和先进的工具及手段,有效地开发和利用信息资源的技术体系。它是一种用来扩展人类信息器官功能的技术。人类信息器官主要包括感觉器官、神经系统、思维器官(大脑)、效应器官等。确切地说,信息技术是指对信息的收集、加工、存储、传递和应用的技术。基本的信息技术包括以下几种类型:

1. 感测与识别技术——扩展感觉器官功能的一类技术。感测技术包括传感技术和测量技术,也包括遥感、遥测技术等。它使人们能更好地从外部世界获得各种有用的信息。

2. 通信技术——扩展神经系统功能的一类技术。它的作用是传递、交换和分配信息,消除或克服空间上的限制,使人们能更有效地利用信息资源。

3. 计算与存储技术——扩展思维器官功能的一类技术。计算机技术(包括硬件和软件技术)和人工智能技术,使人们能更好地加工和再生信息。

4. 控制与显示技术——扩展效应功能的一类技术。控制技术的作用是根据输入的指令(决策信息)对外部事物的运动状态实施干预,即信息施效。

1.1.5 现代信息技术

现代信息技术由计算机技术、通信技术、微电子技术结合而成。也就是说,信息技术是利用计算机进行信息处理,利用现代电子通信技术从事信息采集、存储、加工、利用以及相关产品制造、技术开发、信息服务的新学科。随着人们对信息技术的认识逐步深入,现在普遍认为信息技术是以数字技术为基础,以计算机技术为核心,采用电子技术,集智能技术、通信技术、感测技术、控制技术于一体的综合技术。

未来,信息技术将在信息资源、信息处理和信息传递方面实现微电子与光电子的结合;智能计算与认知、脑科学结合等。其应用领域将更加广泛和多样,将给人类带来全新的工作方式和生活方式。

1.2 集成电路

集成电路(Integrate Circuit,简称IC)(图1-4)是指通过一系列特定的加工工艺,将晶体管、二极管等有源器件和电阻、电容等无源器件,按照一定的电路连接,集成在一块半导体单晶片(如硅或砷化镓)上,封装在一个外壳内,执行特定电路或系统功能。

图1-4 集成电路

1.2.1 集成电路的发展历史

1952年,英国科学家达默提出了电路集成化的最初设想。他设想按照电子线路的要求,将一个线路所包含的晶体管和二极管,以及其他必要的元件统统集合在一块半导体晶片上,从而构成一块具有预定功能的电路。

1958年,美国得克萨斯仪器公司的工程师基尔比,按照达默的设想,制成了世界上第一块集成电路。他将一根半导体单晶硅制成了相移振荡器。此振荡器所包含的4个元器件之间不需使用金属导线相连，这是由于硅棒本身既用为电子元器件的材料，又构成使它们之间相连的通路。

同年，另一家美国著名的仙童电子公司宣称研制成功集成电路。由该公司赫尔尼等人发明的一整套制作微型晶体管的新工艺——“平面工艺”被移用到集成电路的制作中，使集成电路从实验室研制试验阶段转入工业生产阶段。

1959年，美国得克萨斯仪器公司首先宣布建成世界上第一条集成电路生产线。

1962年，世界上出现了第一块集成电路正式商品。这预示着集成电路正式登上电子学舞台。

随后，世界范围内掀起了集成电路的研制热潮。早期的典型硅芯片为1.25毫米见方；60年代初的集成电路产品，每个硅片上集成的元件数在100个左右；1967年已达到1 000个左右；到了1976年，发展到一个芯片上可集成1万多；进入80年代，一块硅片上有几万个元器件的大规模集成电路已经很普遍了，并且向着超大规模集成电路的方向发展。

集成电路的诞生，是电子技术划时代的革命。它不仅是现代电子技术和计算机发展的基础，也是微电子技术开始发展的标志。它引领了电子元器件与线路甚至整个系统向一体化方向发展，为电子设备的性能提高、价格降低、体积缩小、能耗降低提供了新途径，也为电子设备的迅速普及、走向平民大众奠定了基础。

1.2.2 集成电路的特点

集成电路具有如下特点：

1. 集成度高

集成电路的集成度是指一个芯片上能集成的晶体管、电阻、电容等电子元件数。

近几十年，单块集成电路的集成度一直按照摩尔定律所预测的平均每18～24个月提高一倍的趋势在发展。

使用高集成度集成电路的设备或产品，体积更小，重量更轻。从电子管到晶体管、中小规模集成电路、大或超大规模集成电路的演变，说明电子技术发展的主要趋势是不断缩小电路及各元件的尺寸，使元件小型化、微型化。如今，电子技术已经进入到超大或极大规模集成电路时代，电子计算机功能越来越强大，尺寸也已微小型化，处理速度更快，应用领域更广泛。

2. 成本低

集成电路能把一个复杂的电路乃至一个系统的功能集成在一小块芯片上。由于不断完善的工艺和高集成度，现在在一个直径为100 mm的硅片上可以制作数百个大规模集成电路，批量加工使集成电路的价格不断下降。

3. 速度高

采用集成工艺的另一个结果是提高了电子线路的装配密度，相应地减少了信息传输的延迟时间，从而提高了计算速度。因为芯片内信号的延迟总是小于信号在分立元器件间传输时发生的延迟，而芯片间的延迟又总是大于芯片内的延迟，因此发展和应用超大规模集成电路不仅降低了成本，也提高了集成电路的高速信息处理能力。

4. 可靠性高

对于所有电子器件和采用电子器件的产品来说，共同的要求仍然是提高可靠性。集成电路的采用，不仅是节省产品、提高性能的方法，也是提高电子产品可靠性的最有效的方法之一。

1.2.3　集成电路的分类

1. 集成电路按集成度分为小规模、中规模、大规模、超大规模和极大规模集成电路

一般认为集成10～100个元器件为小规模集成电路(Small Scale IC，简写为SSI)；集成100～3 000个元器件为中规模集成电路(Medium Scale IC，简写为MSI)；集成3 000～10万个元器件为大规模集成电路(Large Scale IC，简写为LSI)；集成10万～100万个元器件为超大规模集成电路(Very Large Scale IC，简写为VLSI)，如图1-5所示；集成100万个以上的元器件称为极大规模集成电路(Ultra Large Scale IC，简写为ULSI)，见表1-1。

图1-5　超大规模集成电路

表1-1　集成电路按规模分类

类　别	电子元器件数
小规模集成电路(SSI)	10～100
中规模集成电路(MSI)	100～3 000
大规模集成电路(LSI)	3 000～10万
超大规模集成电路(VLSI)	10万～100万
极大规模集成电路(ULSI)	>100万

2. 集成电路按用途分为专用集成电路和通用集成电路

专用集成电路如手机、照相机、洗衣机等电路；通用电路中最典型的是存储器和微处理器，它们应用极为广泛。

3. 集成电路按导电类型可分为双极型和单极型

双极型制作工艺复杂，功耗较大；单极型制作工艺简单，功耗较低。

4. 集成电路按其功能结构可以分为模拟集成电路和数字集成电路

模拟集成电路用来产生、放大和处理各种模拟信号，如信号放大器、功率放大器等；数字集成电路用来产生、放大和处理各种数字信号，如门电路、存储器、微处理器等。

1.2.4　我国集成电路产业的发展

这些年来，我国集成电路产业的发展非常迅速，已经成为全球半导体产业关注的焦点，凭借着巨大的市场需求、较低的生产成本、丰富的人力资源、良好的政策及投资环境等众多优势条件，以京津唐、长三角和珠三角地区为代表的产业基地迅速发展壮大，制造业、设计业、封装业等集成电路产业的各个环节日趋完善。

2006年我国集成电路市场销售额为4 862.5亿元,同比增长27.8%。2007年我国集成电路市场销售额为5 623.7亿元,同比增长18.6%。目前,我国集成电路产业已经形成了集成电路设计、制造、封装测试三业及支撑配套业共同发展的较为完善的产业链格局。今后集成电路设计和芯片制造业所占比例还会继续迅速上升。

1.2.5 IC卡

IC卡又叫集成电路卡,它是把具有存储、运算等功能的集成电路芯片压制在塑料片上,使其成为能存储、转载、传递、处理数据的载体。IC卡使用闪存(Flash ROM)存储数据,为非易失性存储器,故能长期存储,寿命较长。IC卡的出现,给了人们生活以很大的便利。图1-6所示的会员卡就属于IC卡的一种。

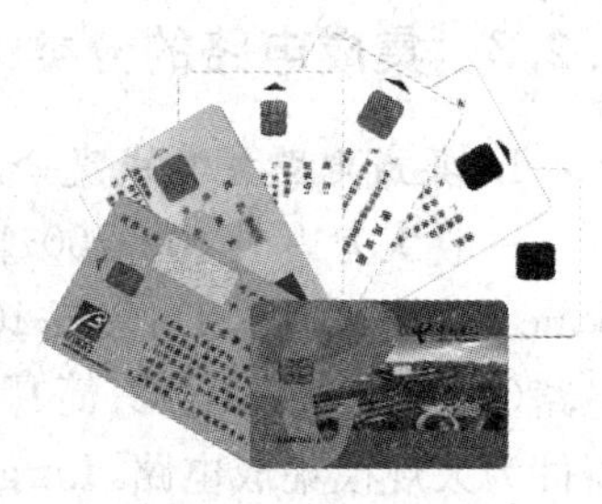

图1-6 IC卡

1. IC卡的应用

(1) 银行领域

目前的银行卡大多数仍为磁卡,在塑料卡片上有磁条和凸印字。磁条中记录账号和密码等基本信息,而实际款项存储在由网络连接的银行计算机硬盘上。用户提取或存入的款项在不同的银行账户之间进行资金往来。用户消费的款项由银行和商户之间进行结转和清算。这种磁卡在使用时需要访问主机账户,因此只能在联机处理时间内使用。银行卡未来的发展趋势必将是IC卡逐步取代磁卡。

(2) 医疗领域

随着我国医疗体制的改革,居民可以持医疗IC卡到医院就医。医疗IC卡除了具有医疗费用的支付功能外,卡内还可以存储病人的相关信息。

(3) 公交领域

乘客持公交管理部门发行的预先付费IC卡乘车,上车时只需在汽车的收费机前刷一下,就可自动完成收费。这样能有效地减少上下车时间,加快车辆周转速度,提高管理效益,杜绝假币现象。

其他,还有IC卡电子门锁、高速公路收费系统、水电费卡、会员卡等多种IC卡应用系统。

2. IC卡的分类

(1) 按照使用方式分类

可以将IC卡分为接触式IC卡和非接触式IC卡两种。接触式IC卡通过卡片表面额金属触点与读卡器进行物理连接来完成通信和数据交换。非接触式IC卡通过无线通信方式与读卡器进行通信,通信时非接触IC卡不需要与读卡器直接进行物理连接。

(2) 按照功能分类

可以将IC卡分为存储卡和智能卡两种。存储卡仅包含存储芯片,电话IC卡即属于此类。将指甲盖大小的带有内存和微处理器芯片的大规模集成电路嵌入到塑料基片中,就制成了智能卡,如居民的二代身份证。智能卡也称为CPU卡,它具有数据读写和处理功能,具有安全性高等突出优点。

(3) 按照应用领域分类

可以将IC卡分为金融卡和非金融卡两种。金融卡如信用卡和储蓄卡等,非金融卡如医疗卡、公交IC卡等。

3. IC卡的特点

(1) 可靠性高

IC卡是由读、写设备的接触头与卡片上的集成电路的接触点相接触进行信息读、写的,读写器没有移动任何部件,简单可靠。IC卡具有抗干扰能力强、防磁和防静电等特点。

(2) 安全性好

IC卡从生产到投入使用的全过程及全生命周期内都可进行严格的管理,所以安全性好。IC卡使用信息验证码(MAC),在识别卡时,由卡号、有效日期等重要数据与一个密钥按一定算法进行计算验证。IC卡可提供密钥个人识别(PIN)码,用户使用时,输入密码后,与该PIN码进行比较,防止非法用户。

(3) 灵活性强

IC卡本身可进行安全认证、操作权限认证,以及可存储最新的有关事务处理信息,可以进行脱机操作,简化了网络要求。IC卡可以一卡多用。这些功能都体现了IC卡的灵活性。

(4) 存储容量大

IC卡的存储容量根据型号不同,小的几百个字符,大的上百万个字符。

(5) 使用寿命长

由于其为整体封装,不怕油污和磨损,所以使用寿命很长。

1.3 通信技术

通信即为信息的传递,是指由一地向另一地进行信息的传输与交换,其目的是传输消息。古代,人们通过驿站、飞鸽传书、烽火报警等方式进行信息传递。今天,随着科学水平的飞速发展,出现了无线电、固定电话、移动电话、互联网等各种通信方式。通信技术拉近了人与人之间的距离,提高了经济的效率,改变了人类的生活方式。

1.3.1 通信的基本原理

1. 通信系统的组成

通信归根结底就是完成信息的传输与交换。比如说从甲地传送消息到乙地,那么甲地可称为发送端,又称做信源,乙地可称为接收端,又称做信宿。在消息从甲地到乙地传输的过程中,所不可缺少的还有传输介质或者传输途径,统称为信道。信源、信宿、信道为通信的三要素。通信系统简单模型如图1-7所示。

图1-7 通信系统简单模型

在通信过程中，如语音、图像等一系列原始消息首先转变成电信号，因此在发送端要加入输入变换器。为了使变换器产生的电信号能适合于在信道中传输，在发送端还要有发送设备。在接收端要完成相反的过程，将收到的电信号还原。因此，接收设备和输出变换器也是必不可少的部分。由于信号在设备中以及信道中不可避免地要受到噪声及干扰，通常把所有可能产生的噪声归结到信道中，通信系统一般模型如图 1-8 所示。

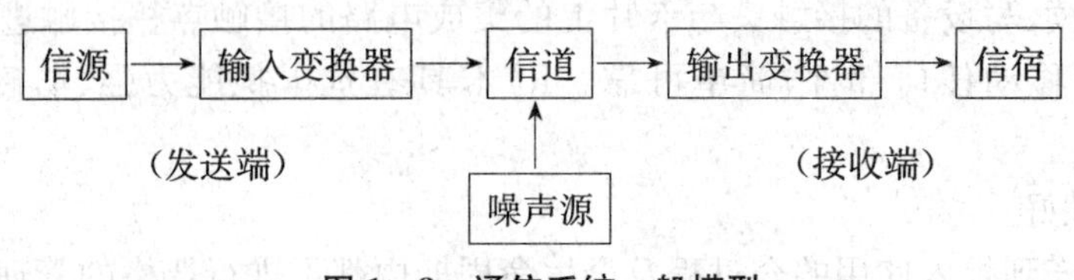

图 1-8　通信系统一般模型

通信系统形式多种多样，但总体来说包含信源、输入变换器、信道、输出变换器和信宿五个部分。

(1) 信源

信源是发出信息的源头，其作用是把各种形式的消息转换成原始电信号。信源可分为模拟信源和数字信源。模拟信源输出连续幅度的模拟信号；数字信源输出离散的数字信号。

(2) 输入变换器

声音、图像等原始信息不能直接传输，所以需要通过转换器将其转换成适合在信道中传输的电信号，即进行调制、编码。

(3) 信道

信道是指传输信号的通道。信道主要有两种，即有线信道和无线信道。信道也会对信号产生各种噪声和干扰。信道的固有特性和各种噪声与干扰直接关系到通信的质量。

(4) 输出变换器

输出变换器是输入变换器的反变换。它的任务是从接收到的带干扰的信号中正确地恢复出相应的原始信号，即进行解调、解码。

(5) 信宿

信宿是信息传输的归宿，其作用是将复原的原始电信号恢复成原始的消息，如声音、图像等各种形式。

(6) 噪声源

在通信系统中，信号在信道中传输时，不可避免地受到噪声的影响。噪声的来源有很多，一般把信道中的噪声以及分散在通信系统其他各处的噪声和各种干扰表示为噪声源。

2. 通信系统的分类

(1) 按信号分类

按照信道中传输的是模拟信号还是数字信号，可以把通信系统分成模拟通信系统和数字通信系统两类。信道中传输模拟信号的通信系统为模拟通信系统，传输数字信号的通信系统为数字通信系统。

(2) 按传输介质分类

按传输介质不同,可以把通信系统分成有线通信系统和无线通信系统两类。有线通信系统使用的传输介质有双绞线、同轴电缆、光纤等。无线通信系统使用的传输介质有无线电波,如中波、短波、微波等。

(3) 按通信方式分类

按通信方式不同,可以把通信系统分成单工通信系统、半双工通信系统、全双工通信系统这三类。单工通信,是指消息只能单方向传输的工作方式。半双工通信可以实现双向的通信,但不能在两个方向上同时进行,必须轮流交替地进行。全双工通信可以双向同时通信,即通信的双方可以同时发送和接收信息。

(4) 按调制方式分类

按调制方式不同,可以把通信系统分成基带通信系统和频带通信系统两类。基带通信系统传输的是未经调制的信号;频带通信系统传输的是经过调制的信号。

(5) 按复用方式分类

按信号复用方式的不同,可以把通信系统分成频分复用通信系统、时分复用通信系统、码分复用通信系统这三类。频分复用通信系统是让不同的信号占用不同的频率范围;时分复用通信系统是让不同的信号占用不同的时间区间;码分复用通信系统是用不同的编码来区分各路信号。

1.3.2 模拟通信系统

信道中传输模拟信号的通信系统为模拟通信系统。

1. 模拟通信系统模型

将通信系统一般模型中的输入变换器、输出变换器分别替换成调制器、解调器,即成为模拟通信系统模型,如图1-9所示。

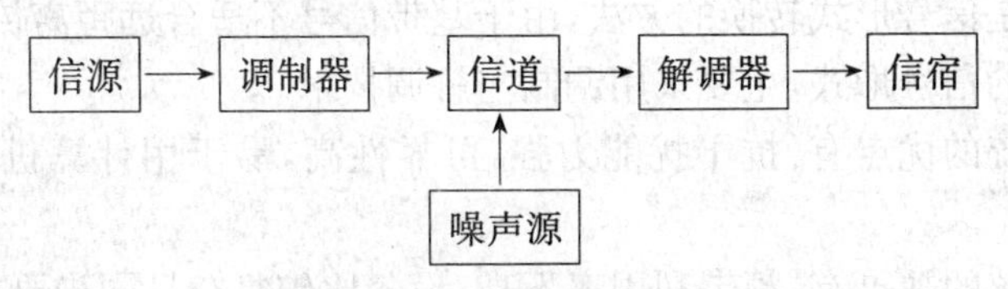

图1-9 模拟通信系统模型

模拟通信系统中,包含两种变换:一种是把连续信号变换成电信号(由信源完成)和把电信号恢复为原始的连续信号(由信宿完成);另一种变换是将发送端调制前的信号转换成适合信道传输的信号(由调制器完成),接收端需经过相反的变换(由解调器完成)。

模拟通信系统的优点有:结构比较简单,成本低。

模拟通信系统的缺点有:抗干扰能力较差,保密性不强,设备不易大规模集成等。

2. 模拟通信系统的性能指标

(1) 有效带宽

模拟通信系统的有效带宽用来度量系统的有效性。信道允许同时传输的信号路数越大,则该通信系统的信息传输有效性就越高。

(2) 信噪比

信噪比指接收端信号的平均功率和噪声的平均功率之比。在同一条件下,信噪比越大,系统的抗干扰能力越强,通信质量就越好,可靠性也越高。

1.3.3 数字通信系统

信道中传输数字信号的通信系统为数字通信系统。

1. 数字通信系统模型

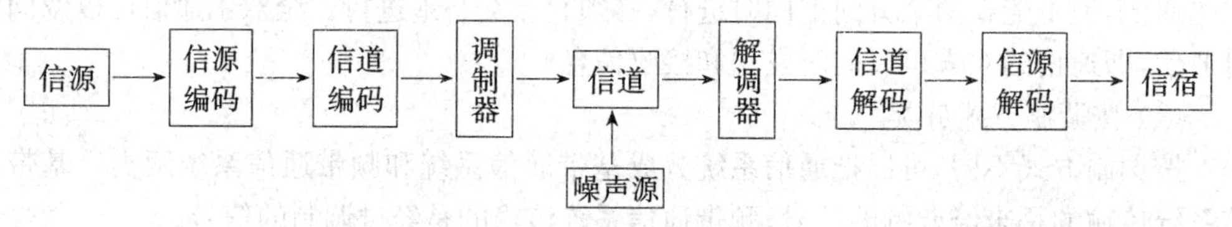

图 1-10 数字通信系统模型

数字通信系统模型如图 1-10 所示。

(1) 信源编码/解码

信源编码的主要任务有:第一,将模拟电信号转换成数字电信号,即 A/D 转换;第二,采用数据压缩编码技术,提高通信系统的性能。信源解码是信源编码的逆过程,它把接收端的数字信号还原为原来的模拟电信号,即 D/A 转换。

(2) 信道编码/解码

为了提高通信系统的抗干扰能力,尽可能地对传输过程中产生的差错进行控制,需要采用差错控制编码,即信道编码。信道解码是信道编码的逆过程,即将差错控制编码恢复成原来的信号。

(3) 调制/解调

调制与解调是信号形式转换的方法,由于基带信号不适合远距离传输,所以需要将其转换成适合传输的信号形式,主要采用调制与解调技术。

数字通信系统的优点有:抗干扰能力强,可靠性高,易于用计算机进行处理,保密性强等。

数字通信系统的缺点有:频带利用率不高,设备比较复杂且同步要求高。

2. 数字通信系统的性能指标

(1) 信道带宽

数字通信系统中信道带宽是指信道允许的最大数据传输速率,也称为信道容量。

(2) 数据传输速率

数据传输速率是指每秒钟传输的二进位(bit,简写 b)数目。例如,一个数字通信系统,每秒钟传输 1 000 个二进位,则它的数据传输速率为 1 000 b/s 或 1 000 bps。

(3) 端-端延迟

端-端延迟是指数据从信源传送到信宿所需时间。

(4) 误码率

误码率是指数据传输中规定时间内出错数据占被传输数据总数之比。误码率越小,传输质量就越高。

1.3.4　传输介质

常用的有线传输介质有:双绞线、同轴电缆、光纤。

1. 双绞线

双绞线(图 1－11)由两根绝缘导线相互缠绕而成,将一对或多对双绞线放置在一个保护套便成了双绞线电缆。双绞线既可用于传输模拟信号,又可用于传输数字信号。

图 1－11　双绞线

双绞线分为屏蔽双绞线(Shielded Twisted Pair,简称 STP)与非屏蔽双绞线(Unshielded Twisted Pair,简称 UTP),适合于短距离通信。屏蔽双绞线在双绞线与外层绝缘封套之间有一个金属屏蔽层。屏蔽层可减少辐射,防止信息被窃听,也可阻止外部电磁干扰的进入,使屏蔽双绞线比同类的非屏蔽双绞线具有更高的传输速率,价格相对较贵。非屏蔽双绞线是一种数据传输线,由四对不同颜色的传输线所组成,广泛用于以太网和电话线中,价格便宜,传输速度偏低,抗干扰能力较差。

双绞线常见的有 3 类线、5 类线和超 5 类线,以及最新的 6 类线。

(1) 3 类线:该电缆的传输频率 16MHz,用于语音传输及最高传输速率为 10 Mbps 的数据传输,主要用于 10BASE-T(10 Mbps,双绞线)。

(2) 5 类线:该类电缆增加了绕线密度,外套一种高质量的绝缘材料,传输率为 100 MHz,用于语音传输和最高传输速率为 1 000 Mbps 的数据传输,主要用于 100BASE-T 和 1 000BASE-T 网络,这是最常用的以太网电缆。

(3) 超 5 类线:超 5 类具有衰减小,串扰少,并且具有更高的衰减与串扰的比值和信噪比,更小的时延误差,性能得到很大提高。超 5 类线主要用于千兆位以太网。

(4) 6 类线:该类电缆的传输频率为 1 MHz～250 MHz,它提供 2 倍于超 5 类的带宽。6 类线的传输性能远远高于超 5 类线标准,最适用于传输速率高于 1 Gbps 的应用。

双绞线一般用于星型网的布线连接,两端安装有 RJ－45 头(水晶头),连接网卡与集线器,最大网线长度为 100 米。如果要加大网络的范围,在两段双绞线之间可安装中继器,最多可安装 4 个中继器,如安装 4 个中继器连 5 个网段,最大传输范围可达 500 米。

2. 同轴电缆

同轴电缆由一根空心的外圆柱导体和一根位于中心轴线的内导线组成,内导线和圆柱导体及外界之间用绝缘材料隔开,如图 1－12 所示。

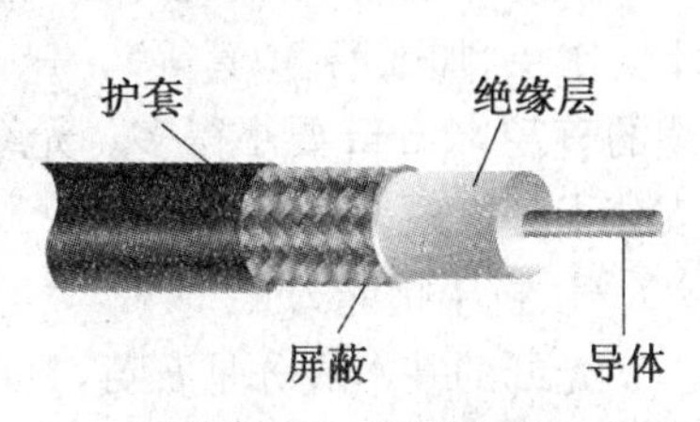

图 1－12　同轴电缆

(1) 按直径的不同,可分为粗缆和细缆两种:

① 粗缆:传输距离长,性能好但成本高,网络安装、维护困难,一般用于大型局域网的干线,连接时两端需终接器。

② 细缆：安装较容易，造价较低，但日常维护不方便，一旦一个用户出故障，便会影响其他用户的正常工作。

(2) 根据传输频带的不同，可分为基带同轴电缆和宽带同轴电缆两种类型：

① 基带同轴电缆：为 50 欧姆电缆，仅仅用于数字传输，数据率可达 10 Mbps。信号占整个信道，同一时间内只能传送一种信号。

② 宽带同轴电缆：为 75 欧姆电缆，既可使用频分多路复用的模拟信号发送，也可传输数字信号。

同轴电缆的价格比双绞线贵一些，但其抗干扰性能比双绞线强。

3. 光纤

光纤(图 1-13)是由一组光导纤维组成的、用来传播光束的、细小而柔韧的传输介质。应用光学原理，由光发送机产生光束，将电信号变为光信号，再把光信号导入光纤，在另一端由光接收机接收光纤上传来的光信号，并把它变为电信号，经解码后再处理。在日常生活中，由于光在光导纤维的传导损耗比电在电线传导的损耗低得多，光纤被用作长距离的信息传递，也主要用于主干网的连接。

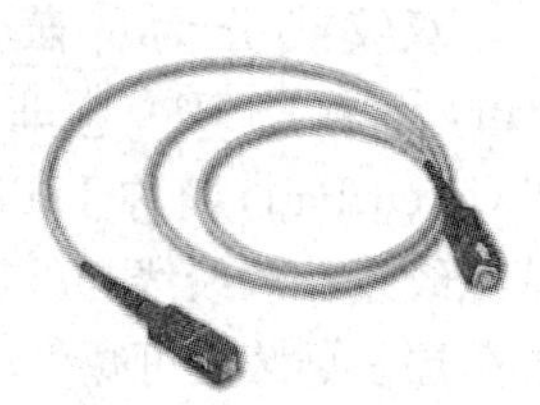

图 1-13　光纤

(1) 光纤分为单模光纤和多模光纤

① 单模光纤：由激光作光源，仅有一条光通路，传输距离长，2 千米以上。

② 多模光纤：由二极管发光，低速短距离，2 千米以内。

(2) 光纤传输的优点

① 频带宽

频带的宽窄代表传输容量的大小。载波的频率越高，可以传输信号的频带宽度就越大。采用先进的相干光通信可以在 30 000 GHz 范围内安排 2 000 个光载波，进行波分复用，可以容纳上百万个频道。

② 损耗低

光纤的损耗则小得多，比同轴电缆的功率损耗要小 1 亿倍，使其能传输的距离要远得多。此外，光纤传输损耗还有两个特点，一是在全部有线电视频道内具有相同的损耗，不需要像电缆干线那样必须引入均衡器进行均衡；二是其损耗几乎不随温度而变，不用担心因环境温度变化而造成干线电平的波动。

③ 重量轻

光纤非常细，单模光纤芯线直径一般为 4 μm～10 μm(微米)，外径也只有 125 μm(加上防水层、加强筋、护套等)。4～48 根光纤组成的光缆直径还不到 13 mm，比标准同轴电缆的直径 47 mm 要小得多。光纤是玻璃纤维，比重小，使它具有直径小、重量轻的特点，安装十分方便。

④ 抗干扰能力强

光纤的基本成分是石英，只传光，不导电，不受电磁场的作用，在其中传输的光信号不受电磁场的影响，故光纤传输对电磁干扰有很强的抵御能力。也正因为如此，在光纤中传输的信号不易被窃听，利于保密。

⑤ 保真度高

光纤传输一般不需要中继放大,不会因为放大引入新的非线性失真。只要激光器的线性好,就可高保真地传输信号。

⑥ 工作性能可靠

光纤系统包含的设备数量少,可靠性高,并且光纤设备的寿命都很长,无故障工作时间达 50 万~75 万小时,其中寿命最短的是光发射机中的激光器,最低寿命也在 10 万小时以上。因此,一个设计良好、正确安装调试的光纤系统的工作性能是非常可靠的。

⑦ 成本低

由于制作光纤的材料(石英)来源十分丰富,随着技术的进步,成本还会进一步降低;而电缆所需的铜原料有限,价格会越来越高。因此,今后光纤传输将占绝对优势。

1.3.5 无线通信

1. 无线传输介质

在自由空间(包括空气和真空)利用电磁波发送和接收信号进行的通信称作无线传输。地球上的大气层为大部分无线传输提供了物理通道,这就是常说的无线传输介质。无线传输所使用的频段很广,人们现在已经利用了好几个波段进行通信。紫外线和更高的波段目前还不能用于通信。无线通信的方法有:无线电波、微波和红外线。

2. 无线电波

无线电波是指在自由空间传播的射频频段的电磁波。无线电技术是通过无线电波传播声音或其他信号的技术。

无线电技术的原理在于:导体中电流强弱的改变会产生无线电波。利用这一现象,通过调制可将信息加载于无线电波之上。当电波通过空间传播到达收信端,电波引起的电磁场变化又会在导体中产生电流。通过解调将信息从电流变化中提取出来,就达到了信息传递的目的。

无线电波按波长的不同划分为超长波、长波、中波、短波、超短波和微波。

中波主要沿地面传播,绕射能力强,适用于广播和海上通信。

短波具有较强的电离层反射能力,适用于环球通信。

3. 微波

微波是指频率为 300 MHz~300 GHz 的电磁波,是无线电波中一个有限频带的简称,即波长在 1 m(不含 1 m)到 1 mm 之间的电磁波。微波频率比一般的无线电波频率高,也称为“超高频电磁波”。

微波的传播特性类似于光的传播,一般沿直线传播,绕射能力很弱,一般进行视距内的通信。对于长距离通信可采用接力的方式,称为微波接力通信,或称微波中继通信;也可利用对流层传播进行通信,称为对流层散射通信;或利用人造卫星进行转发,即卫星通信。

4. 红外线

红外线是太阳光线中众多不可见光线中的一种,由德国科学家霍胥尔于 1800 年发现,又称为红外热辐射。他将太阳光用三棱镜分解开,在各种不同颜色的色带位置上放置了温度计，试图测量各种颜色的光的加热效应。结果发现，位于红光外侧的那支温度计升温最快。因此得到结论：太阳光谱中，红光的外侧必定存在看不见的光线，这就是红外线，也可以当作传输之媒介。太阳光谱上红外线的波长大于可见光线，波长为 0.75～1 000 μm。红外线可分为三部分，即近红外线，波长为 0.75～1.50 μm 之间；中红外线，波长为 1.50～6.0 μm 之间；远红外线，波长为 6.0～1 000 μm 之间。

红外线通信有两个最突出的优点：

(1) 不易被人发现和截获，保密性强；

(2) 几乎不会受到电气、天电、人为干扰，抗干扰性强。

此外，红外线通信设备通常体积小，重量轻，结构简单，价格低廉。但是，它必须在直视距离内通信，且传播受天气的影响。在不能架设有线线路，而使用无线电又怕暴露自己的情况下，使用红外线通信比较好。

1.3.6 移动通信

移动通信是移动体之间的通信，或移动体与固定体之间的通信。移动体可以是人，也可以是汽车、火车、轮船、收音机等在移动状态中的物体。

1. 移动通信系统的组成

移动通信系统如图 1-14 所示，由三部分组成：

(1) 移动台

移动台是移动通信的终端设备，如手机、无绳电话等。

(2) 基站

基站用来接收移动台的无线信号，每个基站负责与一定区域内所有移动台的通信。

(3) 移动电话交换中心

基站与移动电话交换中心交换信息，移动电话交换中心再与公共电话网进行连接。

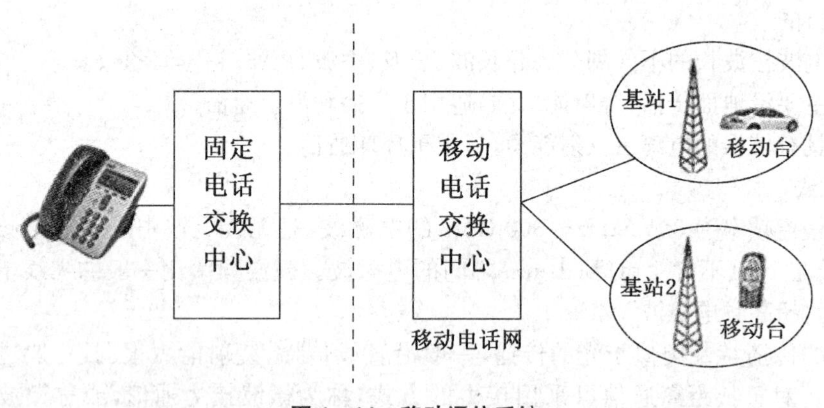

图 1-14 移动通信系统

未来移动通信系统最明显的趋势是高数据速率，高机动性和无缝隙漫游。在技术上实现这些要求将面临更大的挑战。此外，系统性能(如蜂窝规模和传输速率)在很大程度上将取决于频率的高低。考虑到这些技术问题，有的系统侧重提供高数据速率，有的系统则侧重增强机动性或扩大覆盖范围。

2. 移动通信的分类

移动通信的种类繁多，按使用要求和工作场合不同可以分为以下几种：

(1) 集群移动通信

集群移动通信，也称大区域移动通信。它的特点是只有一个基站，天线高度为几十米至百余米，覆盖半径为30公里，发射机功率可高达200瓦。用户数约为几十至几百，可以是车载台，也可以是手持台。它们可以与基站通信，也可以通过基站与其他移动台及市话用户通信，基站与市话用有线网连接。

(2) 蜂窝移动通信

蜂窝移动通信，也称小区域移动通信。它的特点是把整个大范围的服务区划分成许多小区，每个小区设置一个基站，负责本小区各个移动台的联络与控制，各个基站通过移动交换中心相互联系，并与市话局连接。利用超短波电波传播距离有限的特点，离开一定距离的小区可以重复使用频率，使频率资源可以充分利用。每个小区的用户在1 000以上，全部覆盖小区最终的容量可达100万用户。

(3) 卫星移动通信

利用卫星转发信号也可实现移动通信，对于车载移动通信可采用赤道固定卫星，而对手持终端，采用中低轨道的多颗星座卫星较为有利。

(4) 无绳电话

对于室内外慢速移动的手持终端的通信，则采用小功率、通信距离近的、轻便的无绳电话机。它们可以利用通信点与市话用户进行单向或双向的通信。

3. 移动通信系统的分代

(1) 第一代移动通信(1 Generation，简称1G)

1G主要采用的是模拟技术和频分多址(Frequency Division Multiple Access/Address，简称FDMA)技术。由于受到传输带宽的限制，不能进行移动通信的长途漫游，只能是一种区域性的移动通信系统。第一代移动通信有多种制式，我国主要采用的是流量分析控制系统(Traffic Analysis and Control System，简称TACS)。第一代移动通信有很多不足之处，比如容量有限，制式太多，互不兼容，保密性差，通话质量不高，不能提供数据业务，不能提供自动漫游等。

(2) 第二代移动通信(2G)

2G主要采用的是数字的时分多址(Time Division Multiple Access/Address，简称TDMA)技术和码分多址(Code Division Multiple Access，简称CDMA)技术。其主要业务是语音，主要特性是提供数字化的话音业务及低速数据业务。它克服了模拟移动通信系统的弱点，话音质量、保密性能得到很大的提高，并可进行省内、省际自动漫游。第二代移动通信替代第一代移动通信系统完成模拟技术向数字技术的转变，但由于第二代采用不同的制式，移动通信标准不统一，用户只能在同一制式覆盖的范围内进行漫游，因而无法进行全球漫游。由于第二代数字移动通信系统带宽有限，限制了数据业务的应用，也无法实现高速率的业务如移动的多媒体业务。

(3) 第三代移动通信(3G)

与从前以模拟技术为代表的第一代和目前正在使用的第二代移动通信技术相比，3G

有更高的带宽，其传输速度最低为 384Kbps，最高为 2Mbps，带宽可达 5MHz 以上。3G 不仅能传输话音，还能传输数据，从而提供快捷、方便的无线应用，如无线接入 Internet。能够实现高速数据传输和宽带多媒体服务是第三代移动通信的另一个主要特点。第三代移动通信网络能将高速移动接入和基于互联网协议的服务结合起来，提高无线频率利用效率；提供包括卫星在内的全球覆盖，并实现有线和无线以及不同无线网络之间业务的无缝连接；满足多媒体业务的要求，从而为用户提供更经济、内容更丰富的无线通信服务。

1.4 数字技术基础

数字技术是指借助一定的设备将各种信息，包括图、文、声、像等，转化为计算机能识别的二进制数字"0"和"1"后进行运算、加工、存储、处理、传输的技术。在运算、存储等环节中需要借助计算机对信息进行编码、压缩、解码，数字技术又被称为数码技术。

1.4.1 比特

1. 比特的表示

数字技术的处理对象是比特，有时也称为"位"，英文名是"bit"，简写成"b"。比特只有两种状态，或者是 0，或者是 1。

比特既没有颜色，也没有大小和重量。比特是组成数字信息的最小单位。很多情况下比特只是一种符号而没有数量的概念。比特在不同的场合有不同的含义，有时候使用它来表示数值，有时候用它表示文字和符号，有时候则表示图像，有时候还可以表示声音。但是比特这个单位很小，每个西文字符在计算机中要用 8 个比特来表示，每个汉字则需要 16 个比特，图像和声音需要的比特数就更多了。因此，可以使用另外一个稍大一些的数字信息的计量单位"字节"(Byte)，它用大写字母"B"来表示，每个字节包含 8 个比特。

2. 比特的运算

比特的取值只有 0 和 1 两种，这两个值不是数量上的概念，而是表示两种不同的状态。在数字电路中，电位的高或低、脉冲的有或无经常用 1 或者 0 来表示。在人们的逻辑思维中，命题的真或假也可以用 1 或者 0 来表示。

对比特的运算要采用逻辑运算。逻辑运算有三种：

(1) 逻辑加，也称"或"运算，用符号"OR"、"∨"、"+"来表示

(2) 逻辑乘，也称"与"运算，用符号"AND"、"∧"、"."来表示

(3) 取反，也称"非"运算，用符号"NOT"、"—"来表示。

它们的运算规则如下：

(1) 逻辑加：只要有一个为 1，结果就是 1。例如，$1101 \vee 0100 = 1101$。

(2) 逻辑乘：两个都为 1，结果才是 1。例如，$1101 \wedge 0100 = 0100$。

(3) 取反：0 取反后是 1，1 取反后是 0。

3. 比特的存储

使用存储器存储比特信息时，存储容量是一项重要的性能指标，经常使用的单位有 B(字节)、KB(千字节)、MB(兆字节)、GB(吉字节)、TB(太字节)。它们之间的换算关

系为：

1 KB$=2^{10}$ B$=$1 024 B

1 MB$=2^{10}$ KB$=$1 024 KB

1 GB$=2^{10}$ MB$=$1 024 MB

1 TB$=2^{10}$ GB$=$1 024 GB

4. 比特的传输

在数据通信和计算机网络中传输二进位信息时，由于是一位一位串行传输的，传输速率的单位是每秒多少比特，写成 b/s，还有更大一些的比特传输单位 Kb/s、Mb/s、Gb/s、Tb/s 等。它们之间的换算关系为：

1 Kb/s＝1 000 b/s

1 Mb/s＝1 000 Kb/s

1 Gb/s＝1 000 Mb/s

1 Tb/s＝1 000 Gb/s

1.4.2 计算机的数制

计算机中所存储的数值、符号、文字、图形、声音等信息都是用二进制编码形式表示的。本小节先介绍数制的基本概念，再介绍二进制、八进制、十进制、十六进制之间的相互转换。

1. 数制的基本概念

人们在生产实践和日常生活中，创造了多种表示数的方法，这些数的表示规则称为数制。例如，人们生活中常用的是十进制，计算机中常用的是二进制等。

(1) 十进制数

人们最常用的十进制数的进位规则是“逢十进一”，任意一个十进制数都可以用 0、1、2、3、4、5、6、7、8、9 共十个数字符号组成的字符串来表示。例如，253.7 这个数中，第一个 2 处于百位上，代表 200；第二个数 5 处于十位上，代表 50；第三个数 3 处于个位上，代表 3；第四个数 7 处于十分位，代表 7/10。也就是说，253.7 可以写成：

$253.7=2\times100+5\times10+3\times1+7\times0.1$

上式称为数制的按权展开，其中 10^i（10^2 对应百位，10^1 对应十位，10^0 对应个位，10^{-1} 对应十分位）称为十进制数位的位权，10 称为基数。

(2) N 进制数

从对十进制计数制的分析可以得出，任意 N 进制数同样有基数 N、位权和按权展开表示式。其中，N 可以为任意整数，下面以常用的二进制、八进制、十六进制为例进行说明。

① 基数

一个计数制所包含的数字符号的个数称为该数制的基数，用 N 表示，如表 1－2 所示。

表 1-2　不同数制的基数

进制数	可用的数字符号	基数	规则
十进制数(D)	0、1、2、3、4、5、6、7、8、9	10	逢十进一
二进制数(B)	0、1	2	逢二进一
八进制数(Q)	0、1、2、3、4、5、6、7	8	逢八进一
十六进制数(H)	0、1、2、3、4、5、6、7、8、9、A、B、C、D、E、F	16	逢十六进一

为区分不同数制的数，约定对于任意 N 进制的数 S，记作：$(S)_N$。如$(1001)_2$ 表示二进制数 1001，$(345)_8$ 表示八进制数 345，$(7AE)_{16}$表示十六进制 7AE，$(123)_{10}$表示十进制数 123，但是一般十进制数可以省略括号和下标，直接写具体的数字 S。人们也习惯在一个数的后面直接写上字母 B、Q、D、H 分别表示二进制、八进制、十进制和十六进制。例如，1001B 表示二进制 1001，345Q 表示八进制 345，7AEH 表示十六进制 7AE，123D 表示十进制 123。同样，十进制数的字母 D 也可以省略。

② 位权

任何一个 N 进制数都是由一串数码表示的，其中每一位数码所表示的实际数值的大小，除了跟数字本身的数值有关，还跟它所处的位置有关。该位置上的基准值就称为位权。位权用基数 N 的 i 次幂表示。对于 N 进制数，小数点前一位的位权为 N^0，小数点前第二位的位权为 N^1，小数点前第三位的位权为 N^2，小数点后第一位的位权为 N^{-1}，小数点后第二位的位权为 N^{-2}，以此类推。

③ 数的按权位展开

类似十进制数值的表示，任意 N 进制数的值都可以表示为：各位数码本身的值与其所在位权的乘积之和。例如：

十进制数 123.7 按权展开为：

$123.7D=1\times10^2+2\times10^1+3\times10^0+7\times10^{-1}$

二进制数 1010.1 按权展开为：

$10101.1B=1\times2^4+0\times2^3+1\times2^2+0\times2^1+1\times2^0+1\times2^{-1}$

八进制数 27.5 按权展开为：

$27.5Q=2\times8^1+7\times8^0+5\times8^{-1}$

十六进制数 A7.46 按权展开为：

$A7.46H=A\times16^1+7\times16^0+4\times16^{-1}+6\times16^{-2}$

(3) 二进制数

二进制是计算机中采用的数制，具有如下特点：

① 简单可靠

因为二进制中仅有两个数码“0”和“1”，可以用两种不同的稳定状态(如高电位与低电位)来表示。计算机的各组成部分都仅有两个稳定状态的电子元件组成，它不仅容易实现，而且稳定可靠。

② 运算规则简单

二进制的运算规则非常简单。以加法为例，二进制的加法规则仅有 4 条，即 0+0=

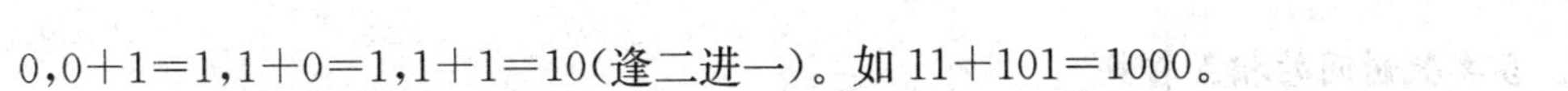

0,0+1=1,1+0=1,1+1=10(逢二进一)。如11+101=1000。

③ 适合逻辑运算

二进制中的0和1正好分别表示逻辑运算中的False和True。二进制数代表逻辑值,容易实现逻辑运算。

但是,二进制的明显缺点是数字冗长,书写量过大,容易出错,不便阅读。所以,在计算机技术文献的书写中,常用八进制或十六进制来表示。下面用表格来说明八进制数、十六进制数与二进制数、十进制数之间的对应关系。表1-3为八进制数与二进制数、十进制数之间的对应关系,表1-4为十六进制数与二进制数、十进制数之间的对应关系。

表1-3 八进制数与二进制数、十进制数之间的对应关系

十进制	二进制	八进制
0	000	0
1	001	1
2	010	2
3	011	3
4	100	4
5	101	5
6	110	6
7	111	7

表1-4 十六进制数与二进制数、十进制数之间的对应关系

十进制	二进制	十六进制
0	0000	0
1	0001	1
2	0010	2
3	0011	3
4	0100	4
5	0101	5
6	0110	6
7	0111	7
8	1000	8
9	1001	9
10	1010	A
11	1011	B
12	1100	C
13	1101	D
14	1110	E
15	1111	F

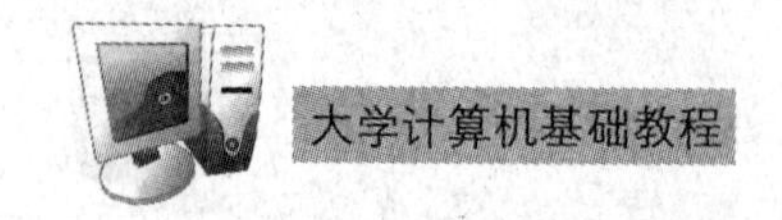

2. 各类数制间的相互转换

(1) 非十进制数转换为十进制数

利用按权位展开的方法,可以把任意数制的一个数转换为十进制数。下面是将二进制、八进制、十六进制数转换为二进制数的例子。

例 1　将二进制数 101.1B 转换为十进制数。

$101.1B=1\times2^2+0\times2^1+1\times2^0+1\times2^{-1}=4+0+1+0.5=5.5$

例 2　将八进制数 101.1Q 转换为十进制数。

$101.1Q=1\times8^2+0\times8^1+1\times8^0+1\times8^{-1}=64+0+1+0.125=65.125$

例 3　将十六进制数 101.1H 转换为十进制数。

$101.1H=1\times16^2+0\times16^1+1\times16^0+1\times16^{-1}=256+0+1+0.0625=257.0625$

(2) 十进制数转换为二进制数

通常一个十进制数包含整数和小数两部分,将十进制数转换为二进制数时,对整数部分和小数部分的处理方法不同,下面分别进行讨论。

① 把十进制整数转换为二进制整数

其方法是采用"除 2 取余"法。具体步骤为:把十进制整数除以 2 得到一个商数和一个余数;再将所得到的商除以 2,又得到一个新的商数和余数;这样不断用所得的商数去除以 2,直到商数等于 0 为止。每次相除所得的余数便是对应的二进制整数的各位数码,第一次得到的余数为最低有效位,最后一次得到的余数为最高有效位。可以理解为:除 2 取余,自下而上,逆序排列。

例 4　将十进制数 34 转换成二进制数。

	余数	
2 | 34	0	最低位
2 | 17	1	↑
2 | 8	0	
2 | 4	0	
2 | 2	0	
2 | 1	1	
0		最高位

34D=100010B

② 把十进制小数转换为二进制小数

其方法是采用"乘 2 取整,自上而下,顺序排列"。具体步骤为:把十进制数小数乘以 2 得一个整数部分和一个小数部分;再用 2 乘以所得的小数部分,又得到一个整数部分和一个小数部分;这样不断地用 2 去乘所得的小数部分,直到所得小数部分为 0 或达到要求的精度为止。每次相乘后所得乘积的整数部分就是相应二进制小数的各位数字,第一次乘积所得的整数部分为最高有效位,最后一次得到的整数部分为最低有效位。

需要说明的是,每次乘法后,取得的整数部分是 1 或者 0,若 0 是整数部分,也应取。并且,不是任意十进制小数都能完全精确地转换成二进制小数,一般根据精度要求截取到某一位小数即可。也就是说,不能用有限个二进制数字来精确地表示一个十进制小数,所以将一个十进制小数转换为二进制小数通常只能得到近似表示。

例 5　将十进制小数 0.375 转换成二进制小数。

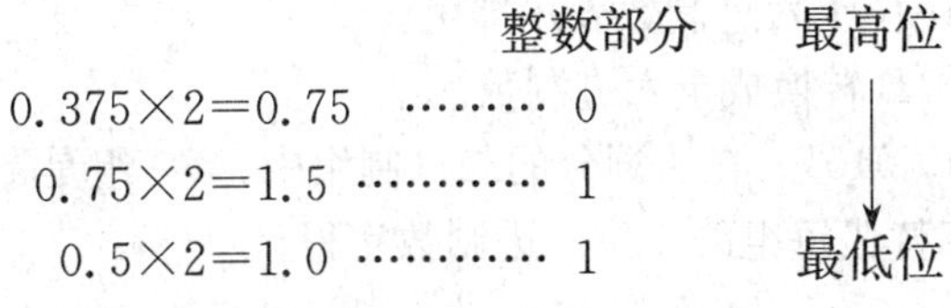

0.375D=0.011B

综上所述,要将任意一个十进制数转换为二进制数,只需将其整数、小数部分分别转换,然后用小数点连接起来即可。

上述将十进制数转换成二进制数的方法同样适用于十进制数与八进制数、十进制数与十六进制数之间的转换,只是使用的基数不同。

(3) 八进制数与二进制数的相互转换

从表 1-3 可以看出,用 3 位二进制数就可以表示 1 位八进制数,也就是说,任何 1 位八进制数都可以用 3 位二进制数来表示。

① 二进制数转换为八进制数

将一个二进制数转换为八进制数,从小数点开始分别向左、向右方向按每 3 位一组划分,不足 3 位的组以 0 补齐,然后将每组 3 位二进制数转换为与其等值的 1 位八进制数即可。

例 6　将二进制数 1001100111.0101B 转换成八进制数。

按上述方法,从小数点开始向左、向右按每 3 位二进制数一组分隔,并且不足 3 位补 0 得

001　001　100　111　.　010　100

1　1　4　7　.　2　4

在所划分的二进制位组中,第一组和最后一组是不足 3 位补 0 得到的,再以 1 位八进制数字代替每组的 3 位二进制数字得到 1,1,4,7,2,4。

所以,1001100111.0101B=1147.24Q

② 八进制数转换为二进制数

将八进制数转换为二进制数,其方法与二进制数转换为八进制数相反,即将每一位八进制数用与其等值的 3 位二进制数代替即可。

例 7　将 724.35Q 转换为二进制数。

因为　7　2　4　.　3　5　分别对应于

111　010　100　.　011　101

所以,724.35Q=111010100.011101B

(4) 十六进制数与二进制数的相互转换

从表 1-4 可以看出,用 4 位二进制数就可以表示 1 位十六进制数,也就是说,任何 1 位十六进制数都可以用 4 位二进制数来表示。

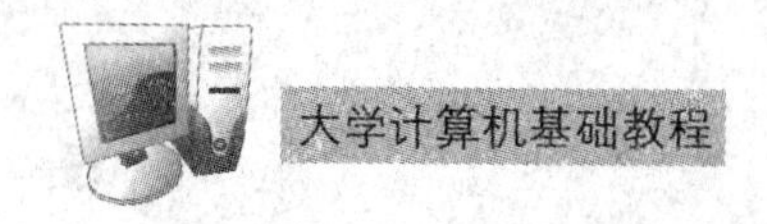

① 二进制数转换为十六进制数

将一个二进制数转换为十六进制数的方法与将一个二进制数转换为八进制数的方法类似,只要从小数点开始分别向左、向右按每4位二进制数一组划分,不足4位的用0补齐,然后将每组4位二进制数用等值的1位十六进制数表示即可。

例8　将二进制数1001100111.0101B转换成十六进制数。

按上述方法分组得0010 0110 0111. 0101。在所划分的二进制组中,第一组是不足4位补0得到的。再以1位十六进制数字替代每组的4位二进制数字得:

1001100111.0101B=267.5H

② 将十六进制数转换为二进制数

将十六进制数转换为二进制数,与将二进制数转换为十六进制数相反,只要将每1位十六进制数字用与之相等的4位二进制数字代替即可。

例9　将十六进制数D4.F1H转换为二进制数。

因为　D　　4　　.　　F　　1　　分别对应于

1101　0100　.　1111　0001

所以,D4.F1H=11010100.11110001B

1.4.3　数值型信息的表示

计算机中的数值信息分成整数和实数两大类。整数不使用小数点,或者说小数点总是隐含在个位数的右边,所以整数也称为“定点数”。相应地,实数称为“浮点数”。

1. 整数的表示

计算机中的整数又分为两类:无符号整数和带符号整数。

(1) 无符号整数

无符号整数一定非负数,一般用来表示地址、索引等。它们可以是8位、16位、32位甚至更多位数。n个二进制位表示的十进制数范围为$0\sim2^n-1$,例如8个二进制位表示的正整数取值范围是$0\sim255(2^8-1)$,16个二进制位表示的正整数取值范围是$0\sim65\,535(2^{16}-1)$。

(2) 带符号整数

带符号整数可以表示正数也可以表示负数,用最高位来代表符号位。如果最高位为1,表明这是一个负数,如果最高位为0,表明这是一个正数,其余各位用来表示数值的大小。例如,34用00100010来表示,−34用10100010来表示。

(3) 整数的表示范围

8个二进位表示的无符号整数其取值范围是0~255,8个二进位表示的带符号整数其取值范围是−127~+127。n个二进位表示的无符号整数其取值范围是$0\sim2^n-1$,n个二进位表示的带符号整数其取值范围是$-2^{n-1}+1\sim+2^{n-1}-1$。

(4) 原码

原码就是上面所介绍的带符号整数的表示法,即最高位为符号位,“0”表示正,“1”表示负,其余位表示数值的大小。它虽然与人们日常使用的方法比较一致,但是由于加法运算和减法运算的规则不统一,需要分别使用不同的逻辑电路来完成,增加了CPU的成

本。为此，数值为负的整数在计算机中不采用“原码”而采用“补码”的方法进行表示。

(5) 补码

正数的补码与其原码相同；负数使用补码表示时，符号位也是“1”，但绝对值部分的表示却是对原码的每一位取反后再在末位加 1 所得到的结果。例如：

$(-34)_{原}=10100010$

绝对值部分每一位取反后得到：11011101

末位加 1 得到：$(-34)_{补}=11011110$

需要注意的是，采用 n 位原码表示正数 0 时，有“1000…00”和“0000…00”两种表示形式。而在 n 位补码表示法中它仅表示为“0000…00”，而“1000…00”却被用来表示整数 -2^{n-1}。正因为如此，相同位数的二进制补码可表示的数的个数比原码多一个。

2. 实数的表示

实数通常是既有整数部分又有小数部分的数，整数和纯小数只是实数的特例。例如，34.125，−1 256，0.011 89 等都是实数。

任何一个实数都可以表示成一个乘幂和一个纯小数的乘积。例如：

$34.125=(0.341\,25)\times10^{2}$

$-1\,256=(-0.125\,6)\times10^{4}$

$0.011\,89=(0.118\,9)\times10^{-1}$

其中，乘幂中的指数部分用来指出实数中小数点的位置，括号括出的是一个纯小数。二进制数的情况完全相同，例如：

$10101.01=(0.1010101)\times2^{101}$

$0.000101=(0.101)\times2^{-11}$

可见，任意一个实数在计算机内部都可以用“指数”（称为“阶码”，是一个整数）和“尾数”（是一个纯小数）来表示，这种用指数和尾数来表示实数的方法称作“浮点表示法”。所以，计算机中实数也叫作“浮点数”，而整数则叫作“定点数”。

习　题

一、填空题

1. 基本的信息技术中，____________扩展思维器官的功能。
2. 集成电路按用途分为____________集成电路和____________集成电路。
3. 通信三要素包括信源、____________、信道。
4. 对逻辑值“0”和“1”进行逻辑乘运算，结果为____________。
5. 最大的 10 位无符号二进制整数转换成十六进制数是____________。

二、选择题

1. 扩展效应器官功能的信息技术为______。

A. 感测与识别技术　　B. 通信技术

C. 计算与存储技术　　D. 控制与显示技术

2. 目前CPU采用的集成电路为______。

A. 小规模集成电路　　B. 中规模集成电路

C. 超大或极大规模集成电路　　D. 大规模集成电路

3. 摩尔定律指出单块集成电路的集成度平均每______个月翻一番。

A. 12　　B. 8～12

C. 18～24　　D. 24

4. 数字通信系统的性能指标不包括______。

A. 信道带宽　　B. 数据传输速率

C. 端-端延迟　　D. 正确率

5. 下列传输介质中，保密性能最好的是______。

A. 双绞线　　B. 同轴电缆

C. 光纤　　D. 无线电波

6. 下列关于无线电波的叙述不正确的是______。

A. 中波绕射能力强

B. 短波具有较强的电离层反射能力

C. 短波的波长比中波长

D. 微波频率高

7. 我国目前使用的GSM手机属于______移动通信。

A. 第一代　　B. 第二代

C. 第三代　　D. 第四代

8. 关于比特的说法错误的是______。

A. 比特没有颜色

B. 比特没有重量

C. 比特"1"大于比特"0"

D. 比特是组成信息的最小单位

9. 下列不同进位制的四个数中，最小的数是______。

A. 二进制数1100011　　B. 十进制数60

C. 八进制数76　　D. 十六进制数45

10. 以下选项中，其中相等的一组数是______。

A. 十进制数23000与八进制数54732

B. 八进制数3077与二进制数11000111111

C. 十六进制数2E85与二进制数1111010000101

D. 八进制数734与十六进制数B3

三、判断题

1. 现代信息技术包括微电子技术。　　(　　)

2. 制造集成电路的材料只能是硅。　　(　　)

3. 移动通信系统包括移动电话交换中心、基站、移动台。手机等移动台发送出来的信号首先被移动电话交换中心接收。　　(　　)

4. 数据传输速率单位 1 Mb/s 是 1 Kb/s 的 1 024 倍。（　　）
5. −44 采用 8 位补码可以表示为 11010101。（　　）

四、简答题

1. 简述信息的特征。
2. 简述基本的信息技术。
3. 简述集成电路的特点。
4. 简述数字通信系统的性能指标。
5. 移动通信系统由哪几部分组成？各有什么作用？

第 2 章 计算机硬件

一个完整的计算机系统由相互独立而又密切联系的计算机硬件和计算机软件两大部分组成。计算机硬件是指所有能够看得见的、组成计算机的物理设备，是构成计算机的实体。计算机硬件和计算机软件相辅相成，缺一不可。

2.1 计算机硬件组成

2.1.1 计算机的发展与应用

1. 计算机的发展

计算机的诞生和发展是 20 世纪最重大的科学技术成就之一。回顾 20 世纪的科技发展史，我们会深刻地体会到计算机的诞生和广泛应用对我们的工作和生活所产生的深远影响。

世界上第一台真正的全自动电子数字式计算机是 1946 年美国研制成功的 ENIAC（图 2-1）。这台计算机共用了 18 000 多个电子管，占地 170 平方米，总重量为 30 吨，耗电 140 千瓦，每秒能做 5 000 次加减运算。

图 2-1 ENIAC 电子数字式计算机

ENIAC计算机虽然有许多明显的不足，它的功能也远不及现在的一台普通微型计算机，但它的诞生宣告了电子计算机时代的到来。在随后的几十年中，计算机的发展突飞猛进，体积越来越小、功能越来越强、价格越来越低、应用越来越广泛。

到目前为止，计算机的发展经历了四个时代。

第一代：电子管计算机时代（从 1946 年第一台计算机研制成功到 50 年代中期），其特点是采用电子管作为主要元器件，其体积较大、运算速度也比较低、存储容量较小，主要应用于科学和工程计算。

第二代：晶体管计算机时代（从 50 年代中期到 60 年代中期），这时期计算机的主要器件逐步由电子管改为晶体管，因而缩小了体积，降低了功耗，提高了速度和可靠性，而且价格不断下降。晶体管的应用，不仅使计算机在军事与尖端技术上的应用范围进一步扩大，而且在气象、工程设计、数据处理以及其他科学研究等领域内也逐步应用起来。

第三代：集成电路计算机时代（从 60 年代中期到 70 年代前期），这时期的计算机采用集成电路作为基本器件，因此功耗、体积、价格等进一步下降，而速度及可靠性相应地提高。正是由于集成电路成本的迅速下降，促使成本低而功能不是太强的小型计算机进入市场，从而占领了许多应用领域。

第四代：大规模/超大规模集成电路计算机时代（从 70 年代中期到现在），这一时期计算机的主要元器件为大规模和超大规模集成电路。计算机的各种性能都有了大幅度的提高，应用软件也越来越丰富，已经广泛应用于办公自动化、数据库管理、图像识别等众多领域。

2. 计算机的应用

在计算机本身发展的同时，它的应用领域从过去的单一化走向了多元化。在日常生活中，计算机的应用已无处不在。无论是军事领域、教育领域、工业领域还是其他商业领域，它已渗透到国民经济各个部门及社会生活的各个方面。计算机的应用有以下几个方面：

(1) 科学计算

早期的计算机主要用于科学计算。科学计算目前仍然是计算机的一个重要应用领域。由于计算机具有很高的运算速度和运算精度，使得过去用手工无法完成的计算变为可能。随着计算机技术的发展，计算机的计算能力越来越强，计算速度越来越快，计算精度也越来越高。

(2) 数据处理

数据处理是目前计算机应用最广泛的一个领域。利用计算机可以加工、管理与操作任何形式的数据资料，如企业管理、物资管理、报表统计、账目计算、信息情报检索等。近年来，国内许多机构纷纷建设自己的管理信息系统（Management Information System，简称 MIS）；生产企业也开始采用制造资源规划软件（Manufacturing Resource Planning，简称 MRP）；商业流通领域则逐步使用电子信息交换系统（Electronic Information Exchange System，简称 EIES）。

(3) 计算机控制

利用计算机对工业生产过程中的某些信号自动进行检测，并把检测到的数据存入计算机，再根据需要对这些数据进行处理，这样的系统称为计算机检测系统。特别是在仪器仪表中引进计算机技术后所构成的智能化仪器仪表，将工业自动化推向了一个更高的水平。

(4) 计算机辅助设计(CAD)

由于计算机具有快速的数值计算、较强的处理以及模拟的能力，因而在飞机、船舶、光学仪器、超大规模集成电路等的设计制造过程中，计算机辅助设计占据着越来越重要的地位。

2.1.2 计算机的组成

尽管计算机已经发展了四代，有各种规模和类型，但是当前的计算机仍然遵循冯·诺依曼早期提出的"存储程序控制"的原理运行，即将程序和数据存放在存储器中，计算机在工作时从存储器中取出指令加以执行，自动完成计算任务。

冯·诺依曼原理的基本思想奠定了现代计算机的基本架构，并开创了程序设计的时代。采用这一思想设计的计算机被称为冯·诺依曼机，由存储器、运算器、控制器、输入设备和输出设备五大基本部件组成，如图 2-2 所示。原始的冯·诺依曼机在结构上是以运算器为中心，但演变到现在，计算机已经转向以存储器为中心。

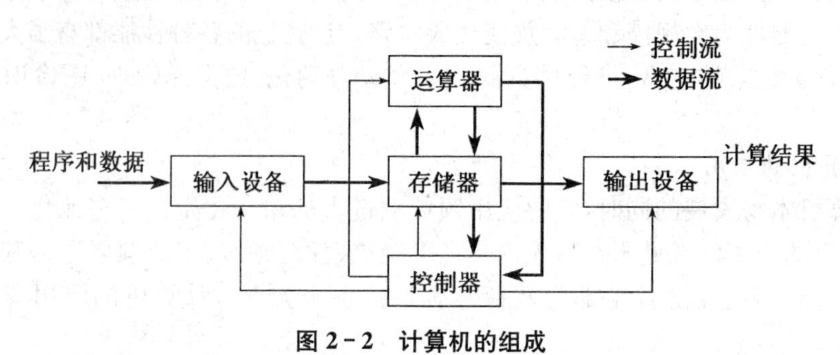

图 2-2 计算机的组成

在计算机的五大部件中，运算器和控制器是信息处理的中心部件，所以将它们合在一起称为"中央处理器"。存储器、运算器和控制器在信息处理中起主要作用，是计算机硬件的主体部分，通常被称为"主机"。而输入设备和输出设备统称为"外部设备"，简称为外设或 I/O 设备。

1. 存储器

存储器是用来存放数据和程序的部件。对存储器的基本操作是按照要求向指定位置存入(写入)或取出(读出)信息。存储器是一个很大的信息储存库，被划分成许多存储单元，每个单元通常可存放一个数据或一条指令。为了区分和识别各单元，并按指定位置进行存取，给每个存储单元编排了一个唯一对应的编号，该编号称为"存储单元地址"。存储器所具有的存储空间大小(即所包含的存储单元总数)称为存储容量。

存储器可分为两大类：主存储器和辅助存储器。主存储器能直接和运算器、控制器交换信息，它的存取时间短但容量不够大。由于主存储器通常与运算器、控制器组成主机，所以也称为内存储器。辅助存储器不直接和运算器、控制器交换信息，而是作为主存的补充和后援，它的存取时间长但容量极大。由于辅助存储器通常以外设的形式独立于主机存在，所以也称为外存储器。

2. 运算器

运算器是对信息进行运算处理的部件。它的主要功能是对二进制编码进行算术运算和逻辑运算。运算器的核心是算术逻辑单元(ALU)。运算的精度和速度是运算器重要的性能指标，其性能是影响整个计算机性能的重要因素。

3. 控制器

控制器是整个计算机的控制核心。它的主要功能是读取指令，翻译指令并向计算机各部分发出控制信号，以便执行指令。当一条指令执行完以后，控制器会自动地取下一条将要执行的指令，依次重复上述过程直到整个程序执行完毕。

4. 输入设备

人们编写的程序和原始数据经输入设备传输到计算机中。输入设备能将数据和程序转换成计算机内部能够识别和接受的信息方式，并按顺序把它们送入存储器中。不论信息的原始形态如何，输入到计算机中的信息都使用二进制表示。输入设备的种类繁多，例如键盘、鼠标、扫描仪和麦克风等。

5. 输出设备

输出设备是将计算机处理的结果以人们能接受的或其他机器能接受的形式输出。输出设备的种类也十分多样，例如显示器、打印机和绘图仪等。

2.1.3 计算机的分类

计算机种类很多，可以从不同的角度进行分类。按照计算机原理分类，可分为数字式电子计算机、模拟式电子计算机和混合式电子计算机。按照计算机用途分类，可分为通用计算机和专用计算机。按照计算机性能分类，可分为巨型机、大型机、小型机和个人计算机四类，详细介绍如下：

1. 巨型机

巨型机又称超级计算机，是指具有极高处理速度的高性能计算机。它的速度可达到每秒数十万亿次以上，具有极强的处理能力，主要用于解决诸如气象、太空、能源等尖端科学研究和战略武器研制中的复杂计算。

2009 年 10 月，国防科技大学成功研制中国当前最高性能计算机——“天河一号”(图 2-3)，其平均计算能力达每秒 563 万亿次，峰值计算能力达每秒 1 206 万亿次。其速度位居同日公布的中国超级计算机前 100 强之首，使中国成为继美国之后世界上第二个能够自主研制千万亿次超级计算机的国家。

图 2-3 天河一号巨型计算机

2. 大型机

大型计算机指运算速度快、存储容量大、有丰富的系统软件和应用软件，并且允许相当多的用户同时使用的计算机。大型机的结构比巨型机简单，价格也比巨型机便宜，因此使用的范围比巨型机更普遍，是事务处理、商业处理、信息管理、大型数据库和数据通信的主要支柱。

3. 小型机

小型机的规模和运算速度比大型机要差，但仍然可以支持十几个用户同时使用。小型机具有体积小、价格低、性价比高等优点，适合中小企业、事业单位用于工业控制、数据采集、分析计算、企业管理以及科学计算等，也可做巨型机或大型机的辅助机。

4. 个人计算机

供单个用户使用的微型机一般称为个人计算机或 PC，是目前用得最多的一种微型计算机。PC 机配置有一个紧凑的机箱、显示器、键盘、打印机以及各种接口，可分为台式机和便携机。

台式机可以将全部设备放置在书桌上，因此又称为桌面型计算机。便携机包括笔记本计算机、袖珍计算机以及个人数字助理(Personal Digital Assistant，简称 PDA)。便携机将主机和主要外部设备集成为一个整体，显示屏为液晶显示，可以直接用电池供电。

2.2 CPU

CPU 是计算机硬件中最重要、最核心的部件，是整个计算机系统的运算和控制中心。CPU 的性能在很大程度上决定了整个计算机的性能。

2.2.1 CPU 的结构

CPU(Central Processing Unit)中文为中央处理器，它是计算机系统的核心。如果把计算机比作一个人，那么 CPU 就是心脏，其重要作用可见一斑。CPU 的内部结构主要由寄存器组、运算器和控制器三个部分组成。三个部分相互协调，便可以进行分析、判断、运算并控制计算机各部分协调工作。

1. 寄存器组

它由十几个甚至几十个寄存器组成。寄存器是 CPU 内部存放数据的一些小型存储区域，用来暂时存放参与运算的数据和运算结果。寄存器除了存放程序的部分指令外，它还负责存储指针跳转信息以及循环操作命令，是算术逻辑单元（ALU）为完成控制单元请求任务所使用的数据的小型存储区域，其数据来源可以是高速缓存、内存或控制单元。

2. 运算器

运算器是 CPU 的智能部件，它不但能够执行加、减、乘、除等算术运算，也能进行或、与、非等逻辑运算，所以运算器也称为算术逻辑单元（ALU）。来自控制单元的信息将告诉运算器应该做些什么，然后运算器会从寄存器中间断或连续提取数据，完成最终的任务。

3. 控制器

运算器只能完成运算，而控制器用于控制整个 CPU 的工作，是 CPU 的指挥中心。控制器中包含指令计数器和指令控制器。指令计数器是用来存放 CPU 正在执行指令的地址。一般来说，CPU 每执行一条指令，指令计数器便自动加 1。指令控制器是用来保存当前正在执行的指令，利用指令译码器解释指令的含义，并控制运算器的操作等。

2.2.2　CPU 的性能指标

CPU 是整个计算机系统的核心，其性能可以反映出所配置计算机系统的性能，直接影响计算机的运行速度。CPU 的主要性能指标有：

1. 字长

字长是指 CPU 中整数寄存器和定点运算器的宽度。字长是 8 的整数倍，如 16 位、32 位、64 位等。目前个人计算机 CPU 的字长大多是 32 位，而一些新的 PC 使用的 CPU 字长已达到 64 位。

2. 主频

所谓主频，也就是 CPU 正常工作时的时钟频率。我们常说，某 CPU 的型号是“Intel Core 2 Duo E6320 1.86 GHz”，其中“1.86 GHz”就是其主频。从理论上讲，CPU 的主频越高，它的运算速度也就越快。因为频率越高，单位时钟周期内完成的指令就越多，从而速度也就越快。但实际上由于 CPU 的内部结构不同和电脑其他各部件的性能制约等原因，可能会导致频率高的 CPU 性能不一定最好。

3. 前端总线

前端总线（FSB）是 CPU 连接到北桥芯片的总线。它可以反映 CPU 与内存进行数据传输的速度。前端总线频率越大，代表着 CPU 与内存之间的数据传输量越大，更能充分发挥出 CPU 的功能。

4. 高速缓存

高速缓存（Cache）是位于 CPU 与内存之间的临时存储器。它的容量比内存小得多，但是传输速度却比内存要快得多。高速缓存主要是为了解决 CPU 运算速度与内存读、写速度不匹配的矛盾。

5. 工作电压

工作电压指的是 CPU 正常工作时所需的电压。目前主流的 CPU 的工作电压一般都低于 1.5 V。CPU 的电压越低，它的发热量就越小，其运行时的性能就越好。

6. 指令集

指令集就是 CPU 中用来计算和控制计算机系统的一套指令的集合。有 MMX、SSE、SSE2、SSE3、3D Now! 等。

2.2.3 指令与指令系统

指令是一种采用二进制表示的、让计算机执行某种操作的命令。一台计算机可以有许多指令，指令的作用也各不相同。

指令系统是指一台计算机所能执行的各种不同类型指令的总和，即一台计算机所能执行的全部操作。不同计算机的指令系统包含的指令种类和数目也不同，一般均包含算术运算型、逻辑运算型、数据传送型、判定和控制型、输入和输出型等指令。

1. 指令的组成

一条指令一般由两部分组成：操作码和操作数地址，可表示为图 2-4 的形式。

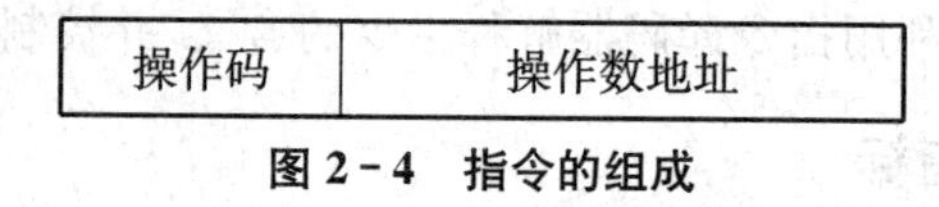

操作码	操作数地址

图 2-4 指令的组成

(1) 操作码

操作码是指明指令操作性质的命令码。CPU 每次从内存取出一条指令，指令中的操作码就告诉 CPU 应执行什么性质的操作，例如算术运算、逻辑运算、存数、取数、转移等。

每条指令都要求它的操作码必须是独一无二的组合。指令系统中的每一条指令都有一个确定的操作码，并且每一条指令只与一个操作码相对应。指令不同，其操作码也不同。

(2) 操作数地址

操作数地址用来描述该指令的操作对象。地址中可以直接给出操作数本身，也可以指出操作数在存储器或寄存器中的地址，或操作数在存储器中的间接地址等。

一条指令中的操作数地址不一定只有一个。随着指令功能的不同，操作数地址可能是两个或多个。例如，加减法运算一般要求有两个操作数地址，但若再考虑操作运算结果的存放地址，就需要有 3 个地址。

2. CPU 执行程序的过程

CPU 执行程序的过程，实际上就是执行一系列相关指令的过程。计算机每执行一条指令都可分为三个阶段进行，即取指令→分析指令→执行指令。

(1) 取指令阶段的任务是 CPU 的控制器从存储器读取一条指令，并送到指令寄存器。

(2) 分析指令阶段的任务是将指令寄存器中的指令操作码取出，并进行译码，分析指令性质，如指令需要取操作数，则寻找操作数地址。

(3) 计算机执行指令的过程实际上就是逐条指令重复上述操作过程，直至遇到停止指令或循环等待指令。

每一种类型的CPU都有自己的指令系统。因此，某一类计算机的程序代码未必能够在其他计算机上执行，这就是所谓的计算机“兼容性”问题。比如，目前个人计算机中使用最广泛的CPU是Intel公司和AMD公司的产品，尽管两者的内部设计不同，但指令系统几乎一致，因此这些个人计算机是相互兼容的。而Apple公司生产的Macintosh计算机，其CPU采用IBM公司的PowerPC，与Intel公司和AMD公司处理器结构不同，指令系统也大相径庭，因此无法与采用Intel公司和AMD公司CPU的个人计算机兼容。

即便是同一公司生产的产品，随着技术的发展和新产品的推出，它们的指令系统也是不同的。比如Intel公司的产品经历了8088、80286、80386、80486，Pentium，……、Pentium 4、Pentium D，Core 2、i3、i5、i7，每种新处理器包含的指令数目和种类越来越多。为了解决兼容性问题，通常采用“向下兼容”的原则，即在新处理器中保留老处理器的所有指令，同时扩充功能更强的新指令。通过这样的扩充，使得新处理器的机器可以执行在它之前的所有老机器上的程序，但老机器就不能保证一定可以运行新机器上所有新开发的程序。例如，Pentium 4的机器可以执行Pentium机器中的所有的程序，反之则不然。

2.3 主板

主板是计算机中最基本、最重要的部件之一，它使得各种周边设备能够和计算机紧密连接在一起，形成一个有机整体。主板性能的好坏，将直接影响整个计算机系统的运行情况。

2.3.1 主板的组成

主板又叫母板，是整个计算机系统中“个头”最大的一块电路板。如果把CPU比喻成人的大脑，那么主板就好比人体的躯干和中枢，上面布满了各种“元器件”。主板采用开放式结构，上面通常安装有CPU插槽、内存插槽、显卡插槽、PCI插槽、芯片组、BIOS、CMOS存储器、SATA接口和I/O接口等，如图2-5所示。通过主板的扩展接口和插槽可以连接各种控制卡和计算机周边设备，如内存、显卡、硬盘、声卡、键盘、鼠标、打印机等。

CPU插槽是安装CPU的地方，不同厂商的CPU有各自不同的插槽。常见的CPU插槽标准有Socket 775、Socket 939等类型，分别安装Intel公司和AMD公司生产的CPU。内存插槽可以安装内存条，一般主板会提供2个或4个内存插槽，且有单通道和双通道的区别。早期连接硬盘的接口为IDE接口，现已逐渐被淘汰，取而代之的是传输速度更快的SATA接口。早期的AGP显卡接口目前也被更为主流的PCI-E接口所取代。PCI插槽可以安装网卡、声卡等扩充板卡。I/O接口则提供了键盘、鼠标、显示器、音频等接口。

主板上还有两块特别有用的集成电路：一块是Flash ROM，里面存放的是PC机中最基本的程序，即基本输入/输出系统(Basic Input/Output System，简称BIOS)；另一块是CMOS存储器，其中存放着与计算机硬件相关的一些参数，包括当前的日期时间、系统启

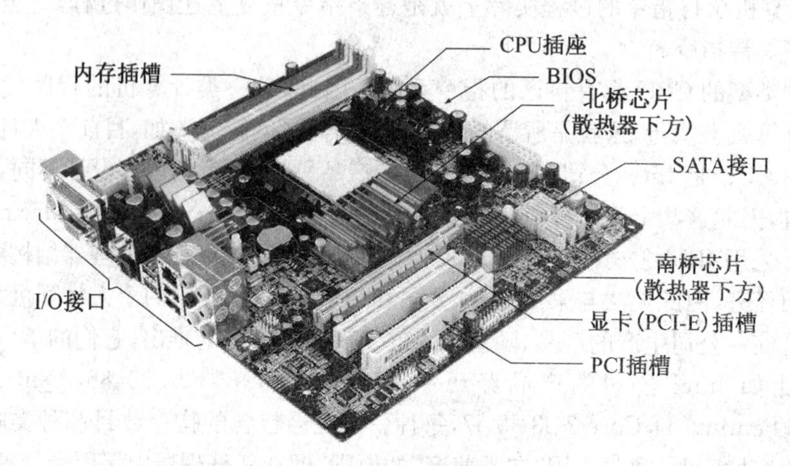

图 2-5　主板外观

动顺序以及其他的一些设置等。

由于主板是电脑中各种设备的连接载体,而这些设备的接口各不相同,并且主板本身也有芯片组、各种 I/O 控制芯片、扩展插槽、扩展接口、电源插座等元器件,因此主板需要设立标准。主板的标准称为主板结构,分为 AT、Baby-AT、ATX、Micro ATX 以及 BTX 等几种。其中,AT 和 Baby-AT 是多年前的老主板结构,现在已经淘汰;ATX 是目前市场上最常见的主板结构,扩展插槽较多,大多数主板都采用此结构;而 BTX 则是 Intel 制定的最新一代主板结构。

2.3.2　芯片组与 BIOS

1. 芯片组

芯片组是主板的核心组成部分,它们决定了主板的功能,进而影响到整个计算机系统性能的发挥。主板上的芯片组按照它们在主板上的位置和所负责的功能,分为北桥芯片和南桥芯片,如图 2-6 所示。

图 2-6　Intel P45+ICH10 芯片组

北桥芯片是主板芯片组中起主导作用的一块芯片,其位置离 CPU 较近。北桥芯片负责与 CPU 的联系并控制内存、AGP 数据在北桥内部传输,提供对 CPU 的类型和主频、

系统的前端总线频率、内存的类型和最大容量、AGP 插槽、PCI-E x16、ECC 纠错等支持。整合型芯片组的北桥芯片还集成了显示核心。

南桥芯片是主板芯片组中除了北桥芯片以外最重要的组成部分，一般位于主板上离 CPU 较远的下方。南桥芯片主要决定了主板的功能，主板上的各种接口、PCI 总线、SATA 以及主板上的其他芯片都由南桥芯片控制。南桥芯片也负责数据传输和中断控制。芯片组与主板上各部件的关系如图 2-7 所示。

CPU
前端总线
显示卡
北桥芯片
内存条
南桥芯片
IDE
S-ATA
USB
PCI总线

图 2-7　芯片组与其他部件的关系

2. BIOS

BIOS 实际是一组被固化在主板的闪烁存储器中为计算机提供最低级、最直接的硬件控制程序。由于 BIOS 程序存放在闪存中，即使在关机或掉电以后，程序也不会丢失。

BIOS 主要包含四个部分的程序：

(1) 加电自检程序(POST)；

(2) 系统主引导记录的装入程序；

(3) CMOS 设置程序；

(4) 基本外围设备的驱动程序。

接通计算机的电源，系统将执行一个自我检查的例行程序，即加电自检程序(POST)。完整的 POST 将检查 CPU、主板、内存等各部件的工作状态是否正常。若自检中发现有错误，将按两种情况处理：对于严重故障则停机，此时由于各种初始化操作还没完成，不能给出任何提示或信号；对于非严重故障则给出提示或声音报警信号，等待用户处理。

在完成 POST 自检后，BIOS 将按照 CMOS 设置中的启动顺序搜寻软硬盘驱动器及 CD-ROM、网络服务器等有效的启动驱动器，读入操作系统引导记录，然后将系统控制权交给引导记录，由引导记录完成系统的启动。操作系统装入成功后，整个计算机就在操作系统的控制之下，用户便可以正常地使用计算机了。

CMOS 是主板上一块可以进行读写操作的 RAM 芯片，主要用来保存当前系统的硬件配置和操作人员对某些参数的设定。CMOS 芯片由系统通过一块纽扣电池供电，因此无论是在关机状态，还是遇到系统掉电情况，CMOS 信息都不会丢失。

由于 CMOS 芯片本身只是一块存储器，只具有保存数据的功能，所以要通过专门的程序对 CMOS 中各项参数进行设定。早期的 CMOS 设置程序驻留在软盘上(如 IBM 的 PC/AT 机型)，使用很不方便。现在多数厂家将 CMOS 设置程序做到了 BIOS 芯片中，在开机时通过按下某个特定键(如 Del 键或 F1、F2、F12 等)就可进入 CMOS 设置程序，从而非常方便地对系统进行设置，因此这种 CMOS 设置又被叫作 BIOS 设置。

2.3.3 总线与I/O接口

1. 总线

(1) 总线的分类

计算机系统中的存储器、CPU等功能部件之间必须互联才能组成计算机系统。部件之间的互联方式有两种，一种是各部件之间通过单独的连线互联，这种方式称为分散连接；另一种是将各个部件连接到一组公共信息传输线上，这种方式称为总线连接。

计算机系统中含有多种总线，提供不同层次部件之间连接和信息交换的通道。根据所连接部件的不同，总线通常被划分成3种类型：内部总线、系统总线和I/O总线。

① 内部总线

内部总线指芯片内部连接各元件的总线。例如，在CPU芯片内部有总线连接，在各个寄存器、ALU、指令部件等各元件之间也有总线相连。

② 系统总线

系统总线指连接CPU、存储器和各种I/O模块等主要部件的总线。

③ I/O总线

这类总线用于主机和I/O设备之间或计算机系统之间的通信。常见的有PCI总线、ISA总线、EISA总线等。

(2) 总线的组成

系统总线通常由一组数据线、一组地址线和一组控制线构成。

① 数据线

数据线用来承载源部件和目的部件之间传输的数据、命令等信息。数据线的条数被称为数据总线的宽度，它决定了每次能同时传输信息的位数。因此，数据总线的宽度是决定系统总体性能的关键因素。

② 地址线

地址线用来给出源数据或目的数据所在的主存单元或I/O端口的地址。地址线是单向的，它的位数决定了可寻址的地址空间的大小。例如，若地址线为16位，它可访问的存储单元最多只能有65 536，即2^{16}个。

③ 控制线

控制线用来控制数据线和地址线的访问和使用。数据线和地址线是被连接在其上的所有设备共享的，如何使各个部件在需要时使用总线，需要靠控制线来协调。

(3) 总线的参数

① 总线的带宽

总线的带宽指的是单位时间内总线上可传送的数据量，即每秒钟传送多少MB的数据。总线带宽的计算公式如下：

总线带宽(MB/s)=(数据线宽度/8)×总线工作频率(MHz)×每个总周期的传输次数

② 总线的位宽

总线的位宽是总线一次能同时传送的数据位数，即常说的32位、64位等。总线的位宽越宽，总线数据传输率越大，即总线带宽越大。

③ 总线的工作时钟频率

总线的工作时钟频率以 MHz 为单位，工作频率越高总线工作速度越快，即总线带宽越大。

2. I/O 接口

I/O 设备与主机一般需要通过连接器实现互连，计算机中用于连接 I/O 设备的各种插头/插座以及相应的通信规程及电气特性，就称为 I/O 设备接口，简称 I/O 接口。通过这些扩展接口，可以把键盘、鼠标、显示器、打印机、音箱等输入/输出设备连接到计算机上，如图 2-8 所示。

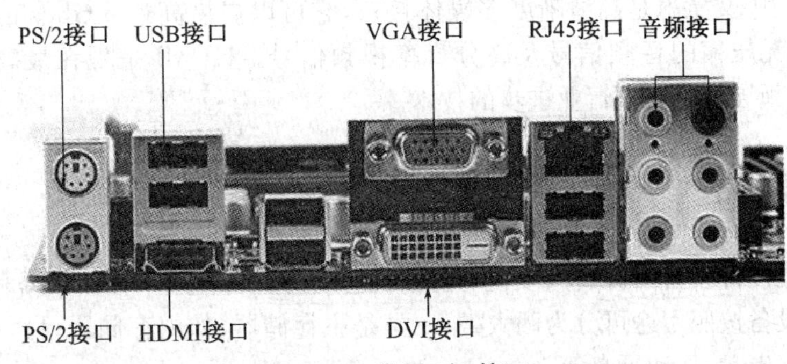

图 2-8　常用 I/O 接口

(1) PS/2 接口

这是由 IBM 公司推出的一种键盘、鼠标接口标准。尽管键盘、鼠标的接口都有相同的 PS/2 接口，因为这两个接口传输的信息不同，所以不能互用。鼠标的接口为绿色，键盘的接口为紫色。

(2) VGA 与 DVI 接口

VGA 与 DVI 接口为显卡输出接口。VGA 传输的是模拟信号，计算机与传统的外部显示设备(如 CRT 显示器)之间是通过模拟 VGA 接口连接的，而 DVI 传输的是数字信号，数字图像信息不需经过任何转换，就直接被传送到显示设备上，传输速度更快，有效消除拖影现象，而且使用 DVI 进行数据传输，信号没有衰减，色彩更纯净，更逼真。目前，液晶显示器均提供 DVI 接口。

(3) RJ45 接口

RJ45 接口通常用于数据传输，最常见的应用为网卡接口，一般可以支持 10 M～100 M自适应的网络连接速度。

(4) 音频接口

目前，主板大多集成了音效芯片，可以直接连接多媒体音箱、话筒等音频输入/输出设备。

(5) USB 接口

USB(Universal Serial Bus，通用串行总线)接口是在 1994 年底由 Intel、Compaq、IBM、Microsoft 等多家公司联合提出的，目的是为了让更多外部设备使用这种标准通用的接口。

USB目前有两个版本：一种是USB2.0全速，其最高数据传输速率为12 Mb/s(1.5 MB/s)，可连接中速设备；另一种是USB2.0高速，其传输速率则提高到480 Mb/s(60 MB/s)，可用来连接硬盘等高速设备。

USB接口不但传输速率快，而且使用也非常方便。在安装设备时，不用关闭计算机，可以带电插拔(热插拔)，实现了即插即用(PNP)的功能。此外，USB接口还可以由主机向I/O设备提供+5 V的电源。由于USB接口所具有的通用性和易用性，目前支持USB接口的设备非常多，如键盘、鼠标、数码相机、移动硬盘等。

(6) HDMI接口

HDMI的中文意思是高清晰度多媒体接口，它可以提供高达5 Gbps的数据传输带宽，可以传送无压缩的音频信号及高分辨率视频信号。HDMI是现在最高端的一种技术，也是未来领导数码视频行业进步的技术。

2.4 存储器

在计算机硬件设备中，内存、硬盘、光盘等都是存储设备，用来存储数据和程序等相关信息。存储设备按照用途可分为两大类：一类是主存储器，如内存储器；另一类是辅助存储器，如硬盘、光盘、移动硬盘等。

2.4.1 内存储器

内存储器简称内存，也可称为主存。内存由半导体器件制成，是计算机运行的核心部件之一。其特点是存取速度快，与CPU直接进行数据交换。

1. 内存的外观和功能

内存主要由芯片、电路板、卡槽和金手指等组成。内存的外观如图2-9所示。

内存电路板用于放置和焊接内存芯片，而内存芯片决定了内存容量的大小。内存的缺口与主板上内存插槽中的凸起相对应，可以防止内存插错。金手指是内存电路板与主板内存插槽间的插脚，目前市场上主流的DDRⅡ和DDRⅢ均采用双列直插(DIMM)式，其金手指分布在内存的两面，均为240针。

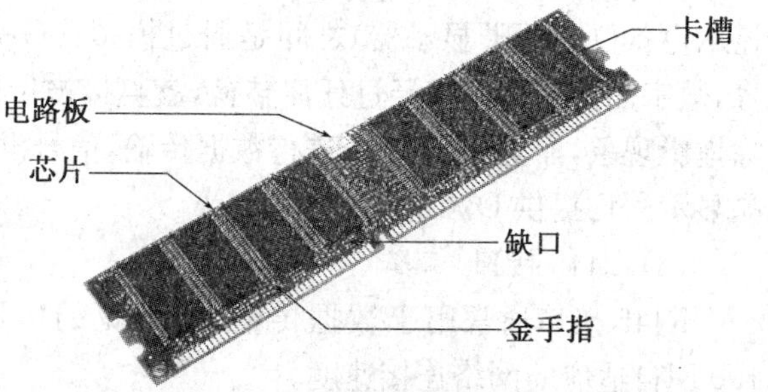

卡槽
电路板
芯片
缺口
金手指

图2-9 内存外观

CPU在处理数据时，所需要的数据都需要从辅助存储器(如硬盘)上传输给CPU，但是由于硬盘的容量很大，CPU很难在短时间内找到所需的数据，另外数据从硬盘直接传送给CPU的速度很慢，导致CPU的运行效率大大降低，而内存的出现很好地解决了这个问题。内存的作用是临时存放CPU中的运算数据以及与硬盘等辅助存储器交换的数据。当计算机运行时，CPU会将相关程序先从硬盘调入到内存中，然后在特定的内存中开始执行，完成后的结果也将保存在内存中，需要时 CPU 再将结果从中调出来。

2. 内存的分类

按照内存的工作原理可将内存分为 RAM(Random Access Memory，随机存取存储器)和 ROM(Read-Only Memory，只读存储器)两种。

在 RAM 中存储的内容可通过 CPU 指令随机读写访问。RAM 又可分为两种：一种是 DRAM(动态随机存取存储器)，它具有结构简单、功耗低、集成度高和生产成本低等特点，主要应用于计算机的主存储器，如内存储器和显示内存；另一种是 SRAM(静态随机存取存储器)，其结构相对较复杂，速度快但生产成本高，多用于高速小容量存储器中，如高速缓冲存储器 Cache。

所有的 RAM 都存在一个共同的缺点，即当关机或断电时，其内部存储的数据都将全部丢失，因此 RAM 不适用于长期保存数据。

ROM 中保存的数据在断电后不会丢失，所以 ROM 也叫非易失性存储器，多用于存放一次写入的程序或数据。ROM 的特点是只能从 ROM 中读取数据而不能写入数据，速度较慢、价格较高、容量较小，多用于主板 BIOS 芯片。

按照是否能在线改写 ROM 的内容，可以将 ROM 分为两种：一种是不可在线改写内容的 ROM，如掩膜 ROM、PROM 和 EPROM；另一种是 Flash ROM(简称闪存)，它结合了 RAM 和 ROM 的长处，不但可以对信息进行改写，而且不会因断电而丢失数据，同时可以快速读取数据。目前，U 盘和数码相机里均使用 Flash ROM 存储器。

各种存储器的主要应用如表 2－1 所示。

表 2－1　各种存储器的主要应用

存储器	主 要 应 用
SRAM	Cache
DRAM	计算机内存
ROM	固定程序
PROM	用户自编程序，用于工业控制或电器中
EPROM	用户编写并可修改程序或产品试制阶段试编程序
Flash ROM	BIOS、优盘和数码相机存储卡中

3. 内存的性能指标

内存的主要性能指标为内存容量、存取时间和存取周期。

(1) 内存容量

内存容量即内存的大小，通常以字节为单位，如内存容量为 512 MB 或 1 GB。内存容量越大越好，但它会受到主板支持最大容量的限制。

(2) 存取时间

存取时间又称为存储器访问时间，是指从启动一次存储器操作到完成该操作所经历的时间，单位为 ns。目前，大多数 DDRⅡ的存取时间可以达到 2.5 ns。

(3) 存取周期

存储周期指存储器进行一次完整的读写操作所需要的全部时间。具体地说,存取周期是启动两个独立的存储器操作(如连续两次读操作)所需间隔的最小时间。通常存取周期比存取时间长。

2.4.2 硬盘存储器

硬盘存储器简称硬盘,是计算机系统中用来存储数据最主要的存储设备。它不但有很大的存储空间和较快的数据传输速度,而且安全系数很高。硬盘的特点是当计算机断电后,硬盘上保存的数据和文件不会丢失。

1. 硬盘的结构与原理

硬盘的最外层是坚硬的金属保护层,在硬盘内部正中央,一根主轴支撑着一组高速旋转的圆形金属盘片,计算机运行所需的数据全部存放在这个金属盘片上。在金属盘片上方悬浮着读、写磁头,当需要读取数据时,磁头将金属盘片上的数据通过电路经内存送到 CPU,当需要将 CPU 处理完的数据保存时,也通过读、写磁头将其保存在金属盘片上。硬盘的内部结构如图 2-10 所示。

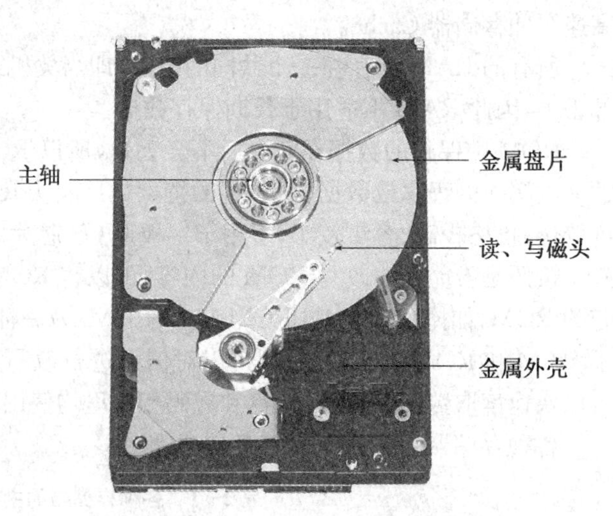

图 2-10 硬盘的内部结构

目前绝大多数硬盘结构都源自 1973 年 IBM 公司生产的第一块硬盘,其采用的技术称为温彻斯特(Winchester)技术,后来的硬盘基本上都延续了这种技术。由于盘片要进行高速旋转,整个盘片被完全密封在金属外壳内,磁头悬浮于盘片上方沿磁盘径向移动,并且不与盘片接触。

在硬盘的盘片表面由外向里分成若干个同心圆,每个同心圆称为磁道。每个单碟一般都有几千个磁道。磁盘上的每个磁道被等分为若干个弧段,这些弧段便是磁盘的扇区,磁道、扇区的示意图如图 2-11 所示。每个扇区可以存放 512 个字节的数据,磁盘驱动器以扇区为单位向磁盘读、写数据。硬盘通常由重叠的一组盘片构成,每个盘面都被划分为数目相等的磁道,并从外缘的"0"开始编号,具有相同编号的磁道形成一个圆柱,称之为磁盘的柱面。磁盘的柱面数与一个盘面上的磁道数是相等的。由于每个盘面都有自己的磁头,所以盘面数等于总的磁头数。因此,硬盘上的一块数

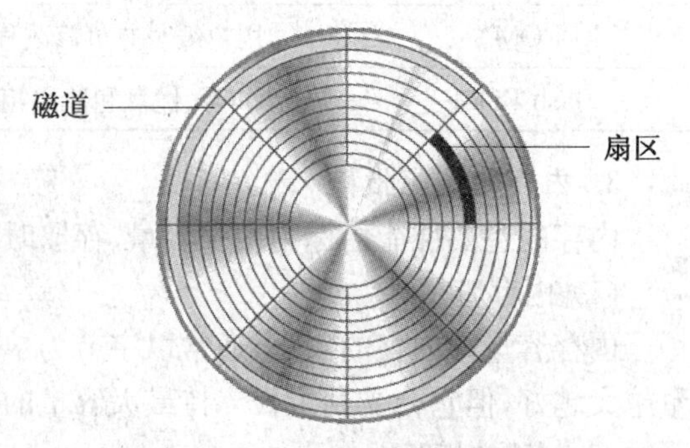

图 2-11 磁道和扇区示意图

据要用三个参数来定位:柱面号、扇区号和磁头号。

只要知道了硬盘的柱面、扇区和磁头的数目,即可确定硬盘的容量:

硬盘的容量=柱面数×磁头数×扇区数×512 B

2. 硬盘的性能参数

硬盘的性能参数主要有容量、转速、缓存、平均访问时间、内/外部数据传输率等。

(1) 容量

硬盘的容量是指硬盘能够容纳数据的多少,通常以GB为单位。目前,家用硬盘的容量通常在320 GB~750 GB范围内。

硬盘容量的计算方法有两种:

一种是硬盘厂商的计算方式,

1 GB=1 000 MB=1 000×1 000 KB=1 000×1 000×1 000 B。

另一种是计算机系统的计算方式,

1 GB=1 024 MB=1 024×1 024 KB=1 024×1 024×1 024 B。

因为两种容量计算方式存在差异,导致硬盘厂商公布的产品容量跟用户实际可用容量有差异。例如,硬盘厂商销售容量为320 GB的硬盘,而在计算机上会显示为298 GB的容量。

(2) 转速

转速是指硬盘内主轴的转动速度,其单位是转/分。转速的快慢是衡量硬盘档次的重要标志之一。目前市场上常见的硬盘转速有5 400转/分和7 200转/分两种。硬盘的转速越快,寻找文件的速度越快。

(3) 缓存

缓存是指硬盘内部的高速存储器,其大小是硬盘的一个重要参数。目前硬盘的缓存主要有16 MB、32 MB、64 MB等几种,一般拥有较大缓存的硬盘在性能上会有更突出的表现。

(4) 平均访问时间

平均访问时间是指磁头从起始位置到达目标磁道位置,并且从目标磁道上找到要读写的数据扇区所需的时间。

平均访问时间体现了硬盘的读写速度,它包括了硬盘的寻道时间和等待时间,即:

平均访问时间=平均寻道时间+平均等待时间

硬盘的平均寻道时间是指硬盘的磁头移动到盘面指定磁道所需的时间。这个时间当然越小越好,目前硬盘的平均寻道时间通常在8 ms以下。

硬盘的等待时间,是指磁头已处于要访问的磁道,等待所要访问的扇区旋转至磁头下方的时间。平均等待时间为盘片旋转一周所需时间的一半,一般应在4 ms以下。

(5) 数据传输率

硬盘的数据传输率是指硬盘读写数据的速度,单位为兆字节每秒(MB/s)。硬盘数据传输率又包括了内部数据传输率和外部数据传输率。

内部数据传输率是指硬盘将数据写入盘片的速度,内部数据传输率主要依赖于硬盘的旋转速度。外部传输率指的是计算机通过主板上的接口将数据传送给硬盘的速度,一般与硬盘接口类型和硬盘缓存的大小有关。由于硬盘的内部传输速率要小于外部传输速

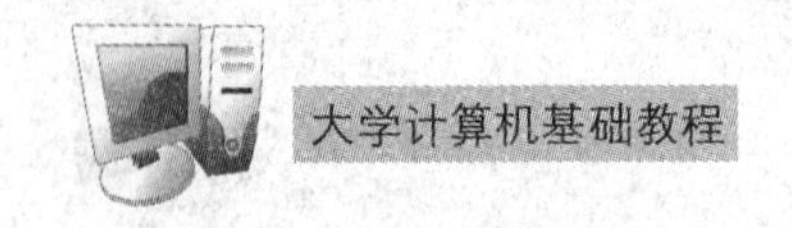

率，所以内部传输速率的高低才是评价一个硬盘整体性能的决定性因素。

2.4.3 光盘存储器

所谓光盘存储器，是利用光学原理读写信息的存储器。由于光盘的容量大，速度快，不易受干扰等特点，光盘得到越来越广泛的应用。

1. 光盘存储器的工作原理

光盘存储器由光盘片和光盘驱动器两个部分组成，是利用激光束在光盘表面上存储信息，根据激光束及反射光的强弱不同，可以完成信息的读写。在光盘上用于记录数据的是一条由里向外的连续的螺旋状光道。光盘写入数据时，将激光束聚焦成直径小于1 μm的小光点，以其热作用融化盘表面上的光存储介质——有机玻璃，在有机玻璃上形成凹坑。凹坑的边缘处表示"1"，而凹坑内和凹坑外的平坦部分表示"0"，如图2-12所示。读出数据时，在读出光束的照射下，可根据有无凹坑反射光强的不同，读出二进制信息。

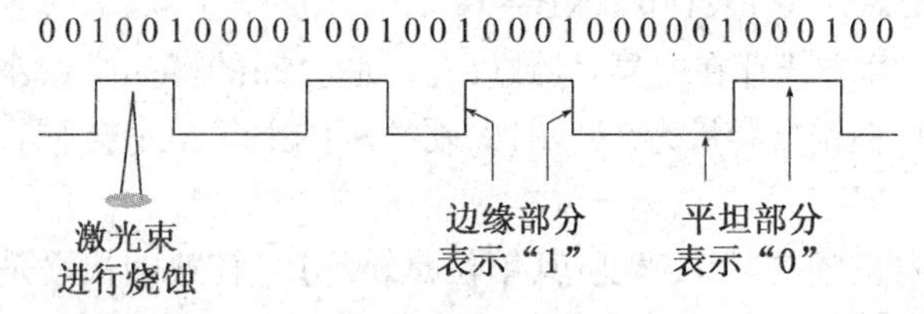

图2-12 光盘存储信息原理

2. 光盘存储器的类型

根据性能和用途的不同，光盘存储器可分为3种类型。

(1) 只读式光盘(CD-ROM/DVD-ROM)

只读式光盘是最早实用化的光盘，盘片是由厂家预先写入数据或程序，出厂后用户只能读取，不能写入和修改。这种产品主要用于电视唱片、数字音频唱片和影碟，可以获得高质量的图像和高保真度的音乐。一张CD-ROM光盘的容量大约是650 MB，可存放1小时的立体声高保真音乐。而一张普通的DVD-ROM光盘其容量要比CD-ROM光盘大得多，约为4.7 GB。

(2) 只写一次光盘(CD-R/DVD-R)

只写一次光盘又称为写入后立即读出型光盘，可以由用户写入信息，写入后可以多次读出，不过只能写入一次，信息写入后不能修改。

(3) 可擦写式光盘(CD-RW/DVD-RW)

可擦写式光盘是一种允许用户删除光盘上原有记录信息，并允许用户接着在光盘的相同物理区域上记录新信息的媒体和记录系统。它是通过一种新的CD-RW/DVD-RW媒体使用"相变"技术实现的，这种技术允许激光借助于记录能量的变化将媒体物质从非晶态转化成结晶态。

3. 光驱的类型

光驱是计算机的重要配件之一，从CD-ROM、DVD-ROM到COMBO和现在的DVD刻录机都得到了广泛的应用。根据其读/写原理，光驱可分为以下几类：

(1) CD - ROM 光驱

CD - ROM 是早期最常见的光盘驱动器,能读取 CD、VCD、CD - R、CD - RW 格式的光盘,它是计算机中应用和普及最早的光驱产品,目前已经退出了市场。

(2) DVD - ROM 光驱

DVD 驱动器是用来读取 DVD 盘上数据的设备,从外观上看和 CD - ROM 驱动器并无差别。但 DVD 驱动器的读盘速度比原来的 CD - ROM 驱动器提高了近 4 倍以上。目前,DVD 驱动器采用的是波长为 635 nm～650 nm 的红激光。DVD - ROM 光驱具有向下兼容性,它既能读 CD 光盘又能读 DVD 光盘,但不能在光盘上写入信息。

(3) COMBO 光驱

COMBO 光驱俗称"康宝",是一种集合了 CD 刻录、CD - ROM 和 DVD - ROM 为一体的多功能光存储产品。它既可以读 CD - ROM、DVD - ROM,也可也刻录 CD - R 和 CD - RW 盘片。

(4) DVD 刻录机

DVD 刻录机向下兼容 CD - R、CD - RW,它又分为 DVD+R、DVD - R、DVD+RW、DVD - RW 和 DVD - RAM。DVD 刻录机的外观和普通光驱差不多(图 2 - 13),只是其前置面板上通常都清楚地标识着写入、复写和读取三种功能。

图 2 - 13　DVD 刻录机

2.4.4　移动存储器

移动存储器属于辅助存储器,主要用于异地传输和携带数据。随着电子技术水平不断提高,移动存储设备种类越来越多,其存储容量越来越大,速度越来越快。

按照存储介质的不同,可以把移动存储器的分为 U 盘、移动硬盘、存储卡等。

1. U 盘

U 盘(图 2 - 14)是一种闪存半导体存储器,主要用于存储数据文件,与计算机之间方便交换数据。U 盘不需要物理驱动器,也不需外接电源,可热插拔,使用非常方便。U 盘体积小,重量轻,存储容量大,性能可靠,价格便宜,是移动办公及文件交换时最理想的存储产品。一般的 U 盘容量有 1 G、2 G、4 G、8 G、16 G、32 G 等。

图 2 - 14　U 盘

图 2 - 15　移动硬盘

2. 移动硬盘

移动硬盘(图 2 - 15)是一种便携式硬盘存储产品,是以标准笔记本硬盘为基础,采用

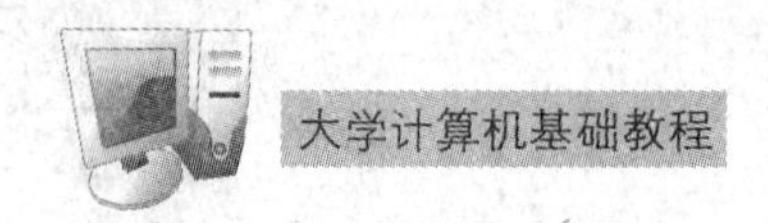

USB、IEEE1394 等传输速度较快的接口,可以以较高的读/写速度进行数据传输。相对于 U 盘而言,移动硬盘具有以下特点:

(1) 容量大

由于移动硬盘是以标准笔记本硬盘为基础,因此笔记本硬盘的容量有多大,移动硬盘的容量就有多大,现在流行的移动硬盘容量为 120 GB、160 GB、320 GB、500 GB 等。

(2) 传输速度高

移动硬盘大多数采用 USB、IEEE1394 接口,能够提供较高的数据传输速度,目前最高的移动硬盘传输速度可达 800 Mb/s。

(3) 可靠性高

移动硬盘采用硅氧盘片,这种盘片更为坚固耐用,因此提高了数据的完整性。同时,以硅氧为材料的磁盘驱动器,以更加平滑的盘面为特征,提高了数据传输的可靠性。

3. 存储卡

存储卡(图 2-16)是利用闪存技术实现存储数字信息的存储器,它作为存储介质应用在 PDA、数码相机、手机等小型设备。其大多使用闪存作材料,但由于形状、体积和接口的不同又分为:CF 卡、SD 卡、MMC 卡、T-Flash 卡、Micro-SD 卡等。

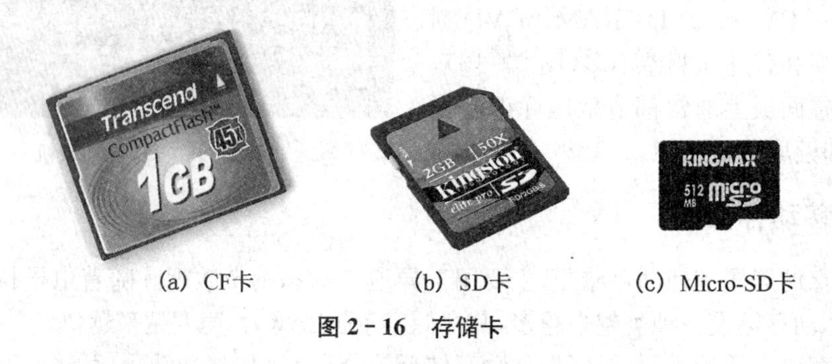

(a) CF卡　　(b) SD卡　　(c) Micro-SD卡

图 2-16　存储卡

2.5　输入/输出设备

输入/输出设备是计算机中必不可少的外部设备。通过输入设备可以实现向计算机发出指令和输入数据等操作,计算机常用的输入设备有键盘、鼠标、扫描仪、数码相机等。计算机处理后的结果需要通过输出设备展示出来,常用的输出设备有显示器、打印机等。

2.5.1　键盘、鼠标

1. 键盘

键盘是计算机最重要且必不可少的外部输入设备之一。用户与计算机进行交流,一般是使用键盘向计算机输入各种指令和字符。键盘是由一组排列成阵列形式的按键开关组成的,每按下一个键,产生一个相应的字符代码,然后将它转换成 ASCII 码或其他码,传送给主机。

标准键盘有 104 个键,它除了提供通常的 ASCII 字符以外,还有多个功能键、光标控制键以及编辑键等。标准键盘布局如图 2 - 17 所示。

图 2 - 17　104 键标准键盘布局

按照键盘按键的不同,键盘分为机械式按键和电容式按键两种。机械式键盘由于其击键响声大、手感较差、键盘磨损较快,现在基本淘汰。目前使用的键盘,其按键多采用电容式(无触点)开关。这种按键是利用电容器的电极间距离变化产生容量变化的一种按键开关。由于电容器无接触,所以这种键盘在工作过程中不存在磨损、接触不良等问题,耐久性、灵敏度和稳定性都比较好。电容式键盘的显著特点是:击键声音小,手感较好,寿命较长,但维修比较困难。

按照键盘的接口类型也可以把键盘分为 PS/2 接口和 USB 接口。PS/2 接口是键盘和鼠标的专用接口,是一种 6 针的圆形接口,这种接口不支持热插拔。而 USB 接口是一种高速的通用接口,可以支持热插拔,在使用中比较方便。

随着键盘的不断改进,键盘除了最基本的打字等一些基本的操作以外,还增加了很多其他的功能,按照这些功能还可以把键盘分为多媒体键盘、人体工程学键盘、带手写板的键盘以及超薄键盘等,如图 2 - 18、图 2 - 19 所示。

图 2 - 18　多媒体键盘

图 2 - 19　人体工程学键盘

除了上述的分类外,键盘还可以根据其连接形式分为有线键盘和无线键盘。无线键盘内装微型遥控器,以干电池为能源,通过红外线或蓝牙将信息通过一个专门的接收器传送给计算机,其控制的距离最远可以达到 10 m。

2. 鼠标

除了键盘,鼠标就是平时使用最多的输入设备。它通常作为计算机系统中的一种辅助输入设备，可增强或代替键盘上的光标移动键和其他键（如回车键）的功能。使用鼠标可在屏幕上更快速、更准确地移动和定位光标。

鼠标按照工作原理可以分为机械式鼠标和光电式鼠标。早期的鼠标都为机械式鼠标，如图 2-20 所示。它采用滚球带动横、纵两条滚轴，滚轴使感应器产生信号脉冲，从而定位指针在计算机屏幕上移动。目前这种鼠标已经退出市场。

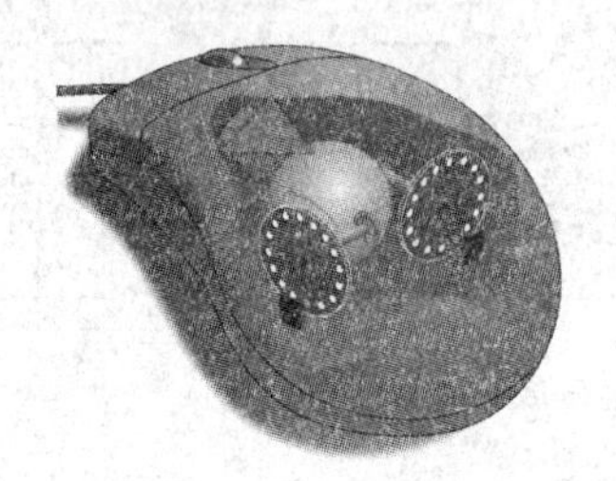

图 2-20　机械式鼠标

图 2-21　光电式鼠标

光电式鼠标是目前的主流产品。原来的鼠标滚球被发光二极管和光敏管所代替，通过光反射来确定鼠标移动的轨迹。从外观上来看，光电式鼠标底部看不到滚球，完全是一个平面，但是可以看到一个发光二极管，如图 2-21 所示。

2.5.2　扫描仪

扫描仪是除键盘和鼠标之外被广泛应用于计算机的输入设备。它是一种通过捕获图像并将其转换成计算机可以显示、编辑、储存和输出的数字化图像输入设备。它的应用范围很广泛，例如，将美术图形和照片扫描结合到文件中；将印刷文字扫描输入到文字处理软件中，避免再重新打字；将传真文件扫描输入到数据库软件或文字处理软件中储存；在多媒体中加入影像；等等。

扫描仪按种类可以分为手持式扫描仪、平板式扫描仪和滚筒式扫描仪。

手持式扫描仪的扫描幅面窄，操作时需用手推动完成扫描工作，难于操作和捕获精确图像，扫描效果一般。

平板式扫描仪又称为平台式扫描仪或台式扫描仪。扫描时只需将原稿反放在扫描仪的玻璃板上即可，操作比较简单，是目前在家庭和办公自动化领域最常见的一种扫描仪。

滚筒式扫描仪是一种高分辨率的专用扫描仪，一般用于印刷出版等专业领域。

扫描仪是基于光电转换原理进行工作的，现以平板式扫描仪为例，简单介绍其工作原理。扫描仪主要由光学部分、机械传动部分和转换电路三部分组成。扫描仪的核心部分是完成光电转换的光电转换部件 CCD，其结构如图 2-22 所示。

扫描仪工作时，首先由光源将光线照在欲输入的图稿上，产生表示图像特征的反射光或透射光。光学系统采集这些光线，将其聚焦在感光器件 CCD 上，由 CCD 将光信号转换为电信号，然后由电路部分对这些信号进行 A/D 转换及处理，产生对应的数字信号输送给计算机。当机械传动机构在控制电路的控制下带动装有光学系统和 CCD 的扫描头与图稿进行相对运动，将图稿全部扫描一遍，一幅完整的图像就输入到计算机中。

扫描仪的性能指标包括以下几个方面：

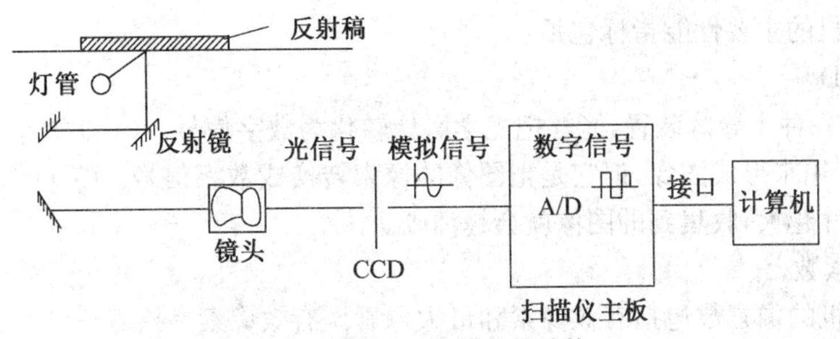

图 2-22　CCD 扫描仪的结构

(1) 分辨率

它是扫描仪最重要的性能指标之一，直接决定了扫描仪扫描图像的清晰程度。扫描仪的分辨率通常用每英寸长度上的点数，即 dpi 来表示。

(2) 色彩位数

色彩位数越高越可以保证扫描仪反映的图像色彩与实物真实色彩的一致，而且图像色彩会更加丰富。扫描仪的色彩位数值一般有 24 位、30 位、32 位、36 位、48 位等几种。

(3) 扫描幅面

扫描幅画是指扫描仪可以扫描的最大尺寸范围，常见的扫描仪幅面有 A4、A3、A1、A0 等。

(4) 接口类型

扫描仪的常见接口包括 SCSI、IEEE 1394 和 USB 接口，目前的家用扫描仪以 USB 接口居多。

2.5.3　数码相机

数码相机是一种利用电子传感器把光学影像转换成电子数据的照相机，是一种常用的图像输入设备。与普通照相机在胶卷上靠卤化银的化学变化来记录图像的原理不同，数码相机的传感器是一种光感应式的电荷耦合器件(CCD)或互补金属氧化物半导体(CMOS)。在图像传输到计算机以前，通常会先储存在数码存储设备中。

根据用途不同可以将数码相机分为卡片数码相机(图 2-23)和单反数码相机(图 2-24)。卡片数码相机在业界内没有明确的概念，仅指那些外形小巧的、机身相对较轻的以及超薄时尚的数码相机。单反数码相机指的是单镜头反光数码相机。

图 2-23　卡片数码相机

图 2-24　单反数码相机

数码相机的主要性能指标包括：

(1) CCD

CCD是一种半导体装置，能够把光学影像转化为数字信号。CCD的作用和传统相机的胶片一样，用来形成图像，但它是把图像的像素转换成数字信号。CCD像素数目越多、单一像素尺寸越大，收集到的图像就会越清晰。

(2) 像素数

数码相机的像素数包括有效像素和最大像素。有效像素是指真正参与感光成像的像素值，而最高像素的数值是感光器件的真实像素，这个数据通常包含了感光器件的非成像部分。与最大像素不同的是，有效像素是在镜头变焦倍率下所换算出来的值。数码相机的像素数越大，所拍摄的静态图像的分辨率也越大，相应的一张图片所占用的空间也越大。

(3) 变焦

数码相机的变焦分为光学变焦和数码变焦两种。光学变焦是指相机通过改变光学镜头中镜片组的相对位置来达到变换其焦距的一种方式。而数码变焦则是指相机通过截取其感光元件上影像的一部分，然后进行放大以获得变焦的方式。

2.5.4 显示器

显示器是计算机中最为重要的输出设备之一，它将显卡输出的数据信号转变为人眼可见的图像、图形，用户通过显示器屏幕上的内容来了解计算机的最终输出结果，从而控制其工作。人们最常见的显示器有CRT(阴极射线管)显示器和LCD(液晶)显示器。

1. CRT显示器

CRT显示器的主要部件——阴极射线管由五部分组成：电子枪、偏转线圈、荫罩(荫罩孔、荫罩板)、荧光粉层及玻璃外壳，如图2-25所示。CRT显示器阴极射线管是一个主动发光器件，其发光源是电子枪。

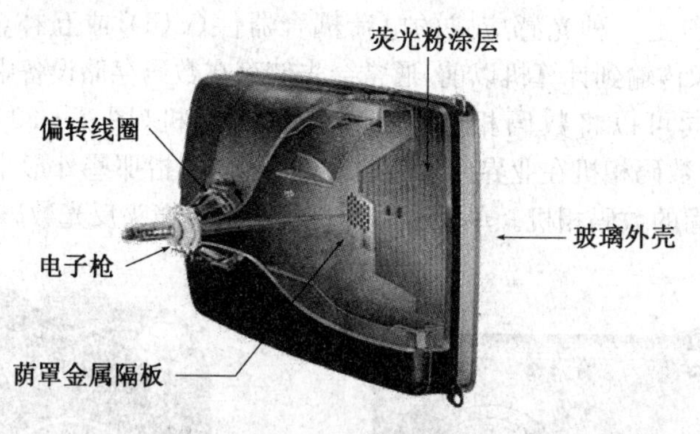

图2-25 CRT显示器结构

CRT显示器的电子枪由灯丝、阴极、控制栅组成。通电后灯丝发热，阴极被激发，发射出电子，电子受高压的内部金属层加速，并经电子透镜聚焦成极细的电子束，去轰击荧光屏，致使荧光粉发光。此电子束在偏转系统产生的电磁场作用下，可控制其射向荧光屏

的指定位置。电子束的通断和强弱可由显示信号控制,电子束轰击荧光屏形成发光点,各发光点组成了图像。R、G、B三色荧光点被按不同比例强度的电子流点亮,就会产生各种色彩。

与LCD显示器相对比,CRT具有以下几个方面的优点:

● 高色彩还原度。CRT显示器的色彩组成是由三根电子枪发出的不同电子流混合而成的,与天然颜色的组成原理一样。

● 高分辨率。CRT显示器的高带宽使显示器能够达到更高的分辨率,同时具有更高的刷新率,特别适用于专业图形用户。

● 反应速度快。由于CRT显像管与LCD面板构造机理不同,CRT显像管的反应速度远高于LCD面板的速度。

此外,CRT显示器也存在一些缺点:

● 辐射和体积较大。由于CRT显示器里含有高压电路和电子枪等元件,这些器件均具有较高的电磁辐射。另外,CRT显示器的体积十分笨重。

● 几何失真较严重。与LCD显示器相比,CRT显示器在几何失真方面比较逊色。

2. LCD显示器

LCD显示器又叫液晶显示器。液晶是一种具有规则性分子排列的有机化合物,介于固态和液态之间,不但具有固态晶体光学特性,又具有液态流动特性。当通电时,液晶排列变的有秩序,使光线容易通过;不通电时排列混乱,阻止光线通过。

LCD的显像原理是将液晶置于两片导电玻璃基板之间,加上一定的电压,在电场的作用下使得液晶分子扭曲以控制光源透射或遮蔽功能,而将影像显示出来。当玻璃基板没有加入电压时,光线透过偏光板跟着液晶做90度扭转,通过下方偏光板,液晶面板显示白色,如图2-26(a)所示;当玻璃基板加入电压时,液晶分子产生配列变化,光线通过液晶分子空隙维持原方向,被下方偏光板遮蔽,光线被吸收无法透出,液晶面板显示黑色,如图2-26(b)所示。

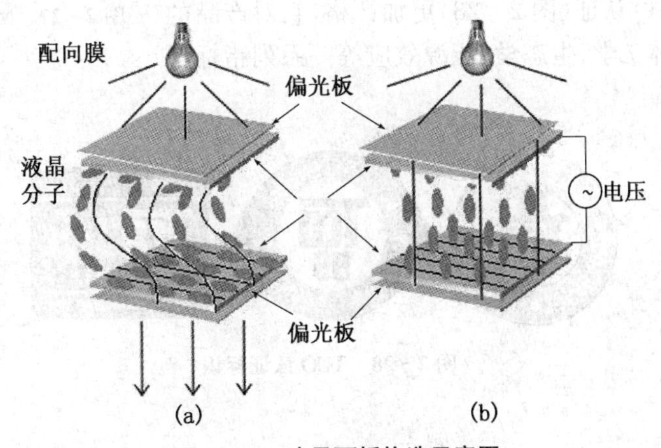

图2-26 液晶面板构造示意图

与CRT相比,LCD显示器的特点是工作电压低,功耗低,电磁辐射危害小,体积轻薄,易于实现大画面显示,目前已经广泛应用于笔记本电脑、数码相机、电视机等设备。

3. 显示器的性能指标

CRT 显示器和 LCD 显示器具有一些共同的性能参数。

(1) 尺寸

显示器的尺寸是指显示屏的对角线长度，单位为英寸。目前常用的显示器有 17、19、22、24 英寸等。传统显示屏的宽高比为 4∶3，目前主流的宽屏液晶显示器的宽高比为 16∶9 或 16∶10。

(2) 分辨率

分辨率是指显示器屏幕上可以容纳的像素点总和，通常用水平分辨率×垂直分辨率来表示，如 1 024×768，1 440×900，1 920×1 080 等。分辨率越高，屏幕上的像素点就越多，显示的图像就越细腻，单位面积显示的内容就越多。

(3) 刷新率

刷新率是指显示的图像在单位时间内更新的次数。刷新率越高，图像显示的稳定性越好。一般显示器的刷新率应设置在 80 Hz 以上。

(4) 可显示颜色数目

可显示颜色数目就是屏幕上最多显示多少种颜色的总数。对屏幕上的每一个像素来说，256 种颜色要用 8 位二进制数表示，即 2^8，因此我们也把 256 色图形叫作 8 位图；如果每个像素的颜色用 16 位二进制数表示，我们就叫它 16 位图，它可以表达 2^{16}，即 65 536 种颜色；还有 24 位彩色图，可以表达 16 777 216 种颜色。液晶显示器一般都支持 24 位真彩色。

(5) 辐射和环保

显示器的辐射不但会影响使用者的眼睛，还可能会危及使用者的健康。国际上对显示器辐射制订了一些认证体系，如 MPR-Ⅱ认证和 TCO 认证。MPR-Ⅱ认证(图 2 - 27)较为广泛，主要是对电子设备的电磁辐射程度等标准进行限制，而 TCO 认证(图 2 - 28)更加严格，它对产品的电磁波外泄、人体工学、生态学、能源效应等一系列指标都有严格的规定。

图 2 - 27　MPR Ⅱ认证标识

图 2 - 28　TCO 认证标识

2.5.5　打印机

打印机也是计算机的一种主要输出设备，它能把计算机中已处理过的文字图形通过纸张打印出来。目前市场上的打印机主要有针式打印机、喷墨打印机和激光打印机三种。

1. 针式打印机

针式打印机(图 2－29)也叫点阵式打印机,它通过机器与纸张的物理接触来打印字符或图形,属于击打式打印机。针式打印机结构简单、性价比好、耗材(色带)费用低、能实现多层套打,但噪声高、分辨率较低、打印针头容易损坏。现在的针式打印机普遍是 24 针打印机。所谓针数是指打印头内打印针的排列和数量,针数越多,打印的质量就越好。由于针式打印机的打印质量低,工作噪声大,已经无法适应高质量、高速度的商用打印需要,然而在银行、证券、超市等用于票单打印的行业中依然有着不可替代的地位。

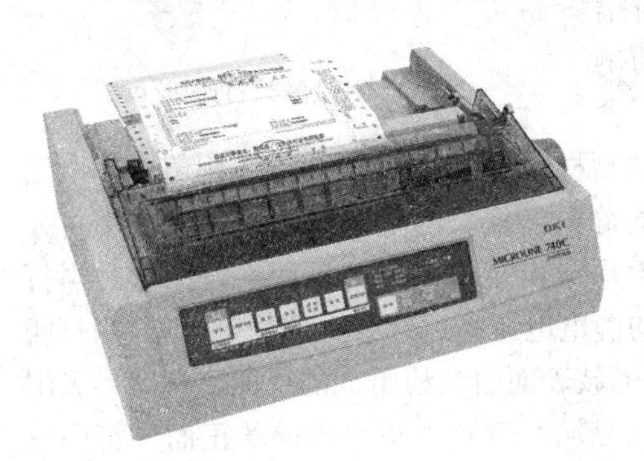

图 2－29　针式打印机

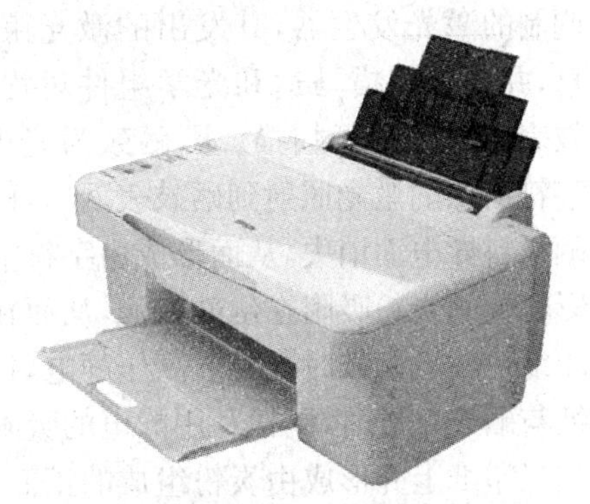

图 2－30　喷墨打印机

2. 喷墨打印机

喷墨打印机(图 2－30)属于非击打式打印机。它的打印头由几百个细微的喷头构成,其打印精度比针式打印机高。当打印头移动时,喷头按特定的方式喷出墨水,喷到打印纸上,形成图案。其主要特点是能输出彩色图像,无噪声,结构轻而小,清晰度较高。

目前,喷墨打印机按打印头的工作方式可以分为压电喷墨技术和热喷墨技术两大类型。压电喷墨技术是将许多小的压电陶瓷放置到喷墨打印机的打印头喷嘴附近,利用它在电压作用下会发生形变的原理,适时地把电压加到它的上面。压电陶瓷在电压作用下产生伸缩使喷嘴中的墨汁喷出,在输出介质表面形成图案。用压电喷墨技术制作的喷墨打印头成本比较高,所以为了降低用户的使用成本,一般都将打印喷头和墨盒做成分离的结构,更换墨水时不必更换打印头。这种打印喷头对墨滴的控制力强,容易实现高精度的打印,缺点是喷头堵塞的更换成本非常昂贵。

热喷墨技术是让墨水通过细喷嘴,在强电场的作用下,将喷头管道中的一部分墨汁气化,形成一个气泡,并将喷嘴处的墨水顶出喷到输出介质表面,形成图案或字符。因此,这种喷墨打印机有时又被称为气泡打印机。热喷墨技术的缺点是在使用过程中会加热墨水,而高温下墨水很容易发生化学变化,性质不稳定,所以打出的色彩真实性会受到一定程度的影响。另一方面由于墨水是通过气泡喷出的,墨水微粒的方向性与体积大小很不好掌握,打印线条边缘容易参差不齐,在一定程度上影响打印质量,所以多数热喷墨技术产品的打印效果不如压电技术产品。

3. 激光打印机

激光打印机是激光技术与复印技术相结合的产物,是一种高质量、高速度、低噪声、价格适中的输出设备。激光打印机属于非击打式打印机,如图 2－31 所示。

激光打印机的工作原理是，激光打印机加电后，微处理器执行内部程序，检查各部分状态；各部分检测正常后，系统就绪，此时可接收打印作业；计算机传送的打印作业经接口逻辑电路处理，送给微处理器；微处理器控制各组件协调运行，此时高压电路发生器产生静电对硒鼓表面进行均匀充电，加热定影工作组件开始工作。经微处理器调制的激光发生器，其发出的激光束带有字符信息，并通过扫描马达和光学组件对均匀转动的硒鼓表面进行逐行扫描。因硒鼓为光电器件，不含字符信息的激光照射到硒鼓表面后，硒鼓表面的硒材料因见光而导电，原先附着的静电因硒材料导电而消失，从而形成由字符信息组成的静电潜像。静电潜像利用静电作用将显影辊上的炭粉吸附在硒鼓表面，从而在硒鼓表面形成由炭粉组成的反面字符图形。当打印纸快贴近硒鼓时被充上高压静电，打印纸上的静电电压高过硒鼓上的静电电压，当打印纸与硒鼓贴近时，同样利用静电的吸附作用，将硒鼓表面由炭粉组成的反面字符图形吸附到打印纸上并形成由炭粉组成的正面字符图形。最后，带有由炭粉组成的正面字符图形的打印纸进入加热定影组件，由于炭粉中含有一种特殊熔剂，遇高温后熔化，从而将炭粉牢牢地固定在打印纸上。经加热定影套件处理后，最终形成了精美的稿件，完成打印过程。

图 2-31　激光打印机

三种打印机的性能对比如表 2-2 所示。

表 2-2　三种打印机性能对比

	类　型	优　点	缺　点	应　用
针式打印机	击打式	耗材成本低，能多层套打	打印质量不高，工作噪声很大，速度慢	银行、证券、邮电、商业等领域
喷墨打印机	非击打式	可以打印近似全彩色图像，经济，效果好，低噪音，使用低电压，环保	墨水成本高，且消耗快	家庭及办公
激光打印机	非击打式	分辨率较高，打印质量好；速度高，噪声低；价格适中	彩色输出价格较高	办公室和家庭应用

4. 打印机的性能指标

(1) 打印分辨率

打印分辨率是指打印机在指定打印区域中可以打出的点数，包括纵向和横向两个方向，如600 dpi×600 dip，1 200 dpi×1 200 dip 等，它的具体数值决定了打印效果的好坏。一般来说，打印分辨率越高，图像输出效果就越逼真。

(2) 打印速度

打印速度是指打印机每分钟输出页面的张数，通常用 ppm 来衡量。目前普通的激光打印机速度可以达到 10～35 ppm，而一些高品质的激光打印机的打印速度可以达到 60 ppm。

(3) 打印幅面

常用的打印机幅面为 A4 和 A3 两种,对于一般的家庭和办公用户,使用 A4 幅画的打印机即可。而对于有着专业输出要求的用户,可以使用 A2 甚至更大打印幅画的打印机。

(4) 打印接口

打印机的接口类型主要有并行接口、SCSI 接口和 USB 接口。USB 接口的打印机不但输出速度快,而且还支持热插拔,是目前主流的打印机接口类型。

习　题

一、填空题

1. 一台计算机中往往有多个处理器,分别承担着不同的任务。其中承担系统软件和应用软件运行任务的处理器称为________处理器,它是计算机的核心部件。

2. 现代计算机的存储体系结构由内存和外存构成,其中________在计算机工作时临时保存信息,关机或断电后将会丢失信息。

3. 每一种不同类型的 CPU 都有自己独特的一组指令,一个 CPU 所能执行的全部指令称为________系统。

4. 地址线数目是 36 位的 CPU,它可支持的最大物理存储空间为________ GB。

5. 从 PC 机的物理结构来看,芯片组是 PC 机主板上各组成部分的枢纽,它连接着________、内存条、硬盘接口、网络接口、PCI 插槽等,主板上的所有控制功能几乎都由它完成。

6. MOS 型半导体存储器芯片可以分为 DRAM 和 SRAM 两种,它们之中________芯片的电路简单,集成度高,成本较低,但速度要相对慢很多。

7. 扫描仪按结构可以分为手持式、________式、胶片专用和滚筒式。

二、选择题

1. Pentium 处理器中包含了一组______,用于临时存放参加运算的数据和运算得到的中间结果。

A. 控制器　　B. 寄存器　　C. 整数 ALU　　D. ROM

2. 冯·诺伊曼式计算机的基本工作原理是"______"。

A. 存储程序和程序控制　　B. 电子线路控制

C. 集成电路控制　　D. 操作系统控制

3. 在计算机加电启动过程中,1. 加电自检程序、2. 操作系统、3. 引导程序、4. 自举装入程序,这四个部分程序的执行顺序为______。

A. 1、2、3、4　　B. 1、3、2、4　　C. 3、2、4、1　　D. 1、4、3、2

4. CMOS 存储器中存放了计算机的一些参数和信息,其中不包含在内的是______。

A. 当前的日期和时间　　B. 硬盘数目与容量

C. 开机的密码　　D. 基本外围设备的驱动程序

5. Windows 环境下运行应用程序时,键盘上 F1～F12 功能键的具体功能只能由

______定义。

A. CMOS设置程序　　B. 操作系统及应用程序

C. 专门驱动程序　　D. 在键盘上人工设置

6. PC机常用的I/O接口有多种类型，下列叙述错误的是______。

A. 显示器接口是一种通用接口，它也可以连接打印机

B. IDE接口可用来连接硬盘和软盘

C. 键盘接口是一种低速接口

D. 使用"USB集线器"，一个USB接口就可以连接多个I/O设备

7. 打印机的重要性能指标包括______、打印精度、色彩数目和打印成本。

A. 打印数量　　B. 打印方式　　C. 打印速度　　D. 打印机功耗

8. 数码相机是一种常用的图像输入设备。以下有关数码相机的叙述中，错误的是______。

A. 数码相机拍摄时将影像聚焦在成像芯片CCD或CMOS上

B. 数码相机中使用DRAM存储器存储相片

C. 100万像素的数码相机可拍摄1 024×768分辨率的相片

D. 在照片分辨率相同的情况下，数码相机的存储容量越大，可存储的相片越多

9. 显示器的尺寸大小以______为度量依据。

A. 显示屏的面积　　B. 显示屏水平方向宽度

C. 显示屏垂直方向宽度　　D. 显示屏对角线长度

10. 关于I/O接口，下列______的说法是最确切的。

A. I/O接口即I/O控制器，负责I/O设备与主机的连接

B. I/O接口用来连接I/O设备与主机

C. I/O接口用来连接I/O设备与主存

D. I/O接口即I/O总线，用来连接I/O设备与CPU

三、判断题

1. 使用微处理器作为CPU的计算机都是个人计算机。　（　）

2. 计算机工作时，CPU所执行的程序和处理的数据都是直接从磁盘或光盘中取出，结果也直接存入磁盘中。　（　）

3. 主机通过USB接口可以为连接USB接口的I/O设备提供+5 V的电源。　（　）

4. 若用户想从计算机打印输出一张彩色图片，目前选用彩色喷墨打印机最经济。　（　）

5. 如果将闪存盘加上写保护，它就能有效防止被计算机病毒所感染。　（　）

6. 刷新速率指显示器所显示的图像每秒钟更新的次数。通常，刷新速率越高图像的稳定性越好。　（　）

四、简答题

1. 计算机由哪几部分组成？其功能各是什么？

2. 简述CPU的结构及功能。

3. 简述内存和硬盘的区别。
4. 什么是 BIOS？它由哪几个部分组成？它和 CMOS 的区别是什么？
5. 扫描仪可分为哪几种？其性能指标包含哪一些？
6. 简述三种打印机的优缺点。

第3章 计算机软件

一个完整的计算机系统由硬件和软件两个部分组成。计算机系统是在硬件的基础上，通过各种计算机软件的支持，向用户呈现出强大的功能和友好的使用界面。用户可以通过软件与计算机进行交流。软件是计算机系统设计的重要依据。为了使计算机系统具有较高的总体效用，在设计计算机系统时，必须全局考虑软件与硬件的结合。

3.1 计算机软件概述

3.1.1 计算机软件的定义

国际标准化组织对计算机软件的定义是：包含与数据处理系统操作有关的程序、规程、规则以及相关文档的智力创作。其中，程序是软件的主体，单独的数据和文档一般不认为是软件；数据是程序所处理的对象及处理过程中使用的一些参数；文档是指用自然语言等编写的文字资料和图表，用来描述程序的内容、组成、设计、功能规格、开发情况、测试结果及使用方法，如程序设计说明书、使用指南、用户手册等。

人们想用计算机解决一个问题，必须事先设计好计算机处理信息的步骤，把这些步骤用计算机能够识别的指令编写出来并送入计算机执行，计算机才能按照人的意图完成指定的工作。计算机能执行的指令序列称为程序。

计算机软件是无形的，不能被人们直接观察、欣赏和评价，它依附于特定的硬件、网络环境，可以适应一类应用问题的需要，比如进行文字处理、数值计算等。随着计算机软件技术的发展，其规模越来越大，开发人员越来越多，开发成本也越来越高。软件在使用过程中因为可以非常容易且毫无失真地进行复制，使得盗版现象越来越严重。盗版软件是指那些非法获得的软件。购买盗版软件的行为会让软件版权者的创造性劳动得不到回报。为了阻止软件的盗版，很多软件制造商都要求用户在计算机上安装软件时注册，如果没有注册，软件就不能正常运行。在购买软件后，用户只是得到了该软件的使用权，并没有获得它的版权。版权是法律保护的一种形式，它给予原作者独有的权利来复制、发布、出售和修改他的作品。

3.1.2　计算机软件的分类

1. 按照用途分类

按照用途通常将软件分为系统软件和应用软件两大类，如图 3-1 所示。

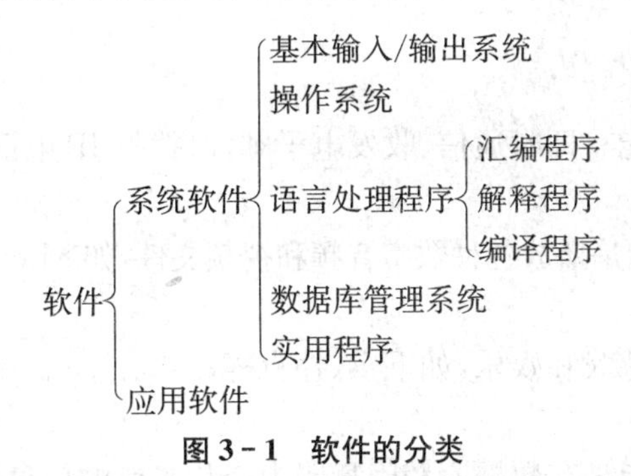

图 3-1　软件的分类

(1) 系统软件

系统软件用来处理以计算机为中心的任务，能让应用软件与计算机相配合，并同时帮助计算机管理内部与外部的资源。在计算机系统中，系统软件是必不可少的。

系统软件主要包括以下内容：

① 基本输入/输出系统(BIOS)：是存放在主板上闪烁存储器中的一组机器语言程序。

② 操作系统：是整个计算机系统的管理与指挥机构，管理计算机的所有资源。

③ 语言处理程序：把用汇编语言或高级语言编写的源程序翻译成可在计算机上执行的目标程序。

④ 数据库管理系统(Data Base Management System，简称 DBMS)：能够帮助用户输入、查找、组织和更新存储在数据库里的信息，如 Oracle、MySQL 等软件。

⑤ 实用程序

磁盘清理程序：使用磁盘清理程序可以帮助用户释放硬盘存储空间，删除临时文件、Internet 缓存文件和不需要的文件，释放它们占用的系统资源，以提高系统性能。

磁盘碎片整理程序：使用磁盘碎片整理程序可以重新安排文件在磁盘中的存储位置，将文件的存储位置整理到一起，同时合并可用空间，实现提高运行速度的目的。

(2) 应用软件

应用软件是用来帮助用户完成实际任务的，用于解决特定问题的软件。它可以分为以下几种类型：

① 文字处理软件

文字处理软件的功能有文本编辑、文字处理、桌面出版等，如 Word、Adobe Acrobat、FrontPage 等；

② 电子表格软件

电子表格软件的功能有数值计算、制表、绘图等，如 Excel 等；

③ 演示软件

演示软件的功能是制作与播放投影片，如 PowerPoint 等；

④ 图形图像软件

图形图像软件的功能有图像处理、几何图形绘制、动画制作等，如 AutoCAD、Photoshop等；

⑤ 网络通信软件

网络通信软件的功能有即时通信、收发电子邮件、拨打 IP 电话等，如 QQ、MSN 等；

⑥ 媒体播放软件

媒体播放软件的功能是播放各种数字音频和视频文件，如 Media Player、暴风影音等；

⑦ 游戏软件

游戏软件的功能是游戏和娱乐，如下棋、扑克等；

⑧ 信息检索软件

信息检索软件的功能是在数据库和因特网中查找需要的信息，如百度、Google 等。

2. 按照产权的性质分类

按照产权的性质，通常将软件分为下列四类：

- 商品软件
- 共享软件
- 免费软件
- 开源软件

(1) 商品软件

商品软件是指用户需要付费才能得到其使用权的软件。它除了受版权保护之外，常常还受软件许可证条款的保护。软件许可证是规定了计算机程序使用方式的法律合同。软件许可证对软件的使用做出额外的限制，或者可以为消费者提供额外的权利。例如，多数软件都以单用户许可证的形式销售，这说明一次只允许一个用户使用软件。但一些软件发行商也为学校和企业提供了多用户许可证，允许指定数量的用户在任何时间使用软件。

(2) 共享软件

共享软件是一种版权软件，用户可以免费获得，但如果想继续使用就必须付费或者支付注册费用。一旦付了钱，用户通常都会得到升级版本的支持文件，同时还可能得到一些技术支持。共享软件主要通过互联网获得，但是因为这是有版权的软件，所以用户并不能使用它来开发自己的程序并与原产品进行竞争。如果用户复制了共享软件发送给朋友，同时这些人也想使用这个软件，那么也需支付注册费。

(3) 免费软件

免费软件就是可以免费使用的、具有版权的软件。用户不必为使用软件支付任何费用。一般，免费软件的许可证允许使用、复制软件和把软件给其他人，但是不允许更改或者出售软件。很多实用程序、驱动程序和一些游戏都是免费软件。

(4) 开源软件

开源软件向那些想要修改和改进软件的程序员提供未编译的程序指令，即软件的源代码。开源软件可以以编译过的形式出售或免费传播，但是不管在何种情况下都必须包括源代码。例如，Linux 就是开源软件。

3.2　操作系统

操作系统(Operating System，简称 OS)是一种特殊的大型系统软件，是最重要的一种系统软件。操作系统是整个计算机系统的管理与指挥机构，管理计算机的所有资源。无论是软件还是硬件，都由操作系统来指挥和调度。当我们让计算机做一件事情的时候，是操作系统听从我们的命令，指挥相应的软件及硬件完成我们想做的事情。

3.2.1　操作系统的基础知识

1. 操作系统的特性

(1) 方便性

一个未配置操作系统的计算机系统是很难使用的，因为计算机硬件只能识别“0”和“1”代码。如果我们在计算机硬件上配置了操作系统，用户便可以通过操作系统所提供的各种命令来使用计算机系统。配置操作系统后可以使计算机系统更方便、容易使用。

(2) 有效性

配置了操作系统后，可以使 CPU、I/O 设备等资源保持忙碌状态而得到有效的利用。

2. 操作系统的作用

(1) 作为计算机系统的资源管理者

计算机系统有硬件资源和软件资源两大类。硬件资源分为处理器、存储器、I/O 设备等，软件资源分为程序和数据等。操作系统作为计算机系统的资源管理者，其重要任务是有序地管理计算机中的硬件、软件资源，满足用户对资源的需求，协调各程序对资源的使用冲突，让用户简单、有效地使用资源，最大限度地实现各类资源的共享，提高资源利用率，从而大幅提高计算机系统的效率。

(2) 为用户提供虚拟计算机

人们常把没有安装任何软件的计算机称为裸机。加上软件后，就可在硬件基础上，对其功能和性能进行扩充和完善。计算机上安装操作系统后，可扩展基本功能，为用户提供一台功能显著增强，使用更加方便，安全可靠性好，效率明显提高的机器，称为虚拟计算机。

(3) 为用户提供友善的用户界面

用户界面是指用来帮助用户与计算机相互通信的软件与硬件的结合。计算机的用户界面包括能够帮助用户观察和操作计算机的显示器、鼠标、键盘等。当然用户界面也包括软件元素(如菜单、工具栏按钮等)。操作系统的用户界面为可兼容的软件定义了所谓的“外观”。

3. 操作系统的启动

(1) 启动盘

安装了操作系统的计算机，操作系统大多驻留在硬盘存储器中。通常，计算机会从硬盘驱动器启动，如果硬盘驱动器遭到损坏，则可以使用称为启动盘的磁盘来启动计算机。启动盘大多使用光盘，包含了启动操作系统所需的所有文件。将启动盘插入到计算机的光驱中时，启动盘就强行将操作系统文件传递给 BIOS，使计算机启动操作系统并完成启动程序。

（2）启动过程

当加电启动计算机工作时，CPU 首先执行 BIOS 中的自检程序，测试计算机中各部件的工作状态是否正常。若无异常情况，CPU 将继续执行 BIOS 中的引导装入程序。装入程序按照 CMOS 中预先设定的启动顺序，依次搜寻软、硬盘驱动器或光盘驱动器，将其第一个扇区的内容（主引导记录）读出并装入到内存，然后将控制权交给其中的操作系统引导程序，由引导程序继续装入操作系统。操作系统装入成功后，整个计算机就处于操作系统的控制下，用户就可以正常地使用计算机了。

3.2.2 常用操作系统介绍

1. 操作系统分类

操作系统伴随着计算机技术及其应用的日益发展，功能不断完善，产品类型也越来越丰富。通常操作系统主要分为以下四类：

- 批处理系统
- 分时处理系统
- 网络操作系统
- 实时操作系统

批处理系统和分时处理系统都是早期比较流行的操作系统。最早的是单道批处理系统，此系统的特征是单道顺序地处理作业，计算机资源使用效率不高。之后，操作系统进入了多道程序阶段。多道批处理系统利用多道程序设计技术，使得计算机资源利用率得到提高。

分时处理系统是指多个用户通过终端共享一台主机 CPU 的工作方式。系统按分时原则为每个用户服务，提高了资源利用率。目前，个人计算机上的操作系统是一种单用户的操作系统，它的特点是计算机在某一时间为单个用户服务，采用图形用户界面，提高了人机交互能力，使用户能轻松地操作计算机。

而安装在网络服务器上的网络操作系统则具有多用户处理的能力，它的功能包括网络管理、通信、资源共享等。在网络操作系统环境下，用户不受地理条件的限制，可以方便地使用远程计算机资源，实现网络环境下计算机之间的通信和资源共享。

此外，还有一些特殊的操作系统，如导弹的制导系统、飞机的自动驾驶系统、情报检索系统等。它们能及时响应外部事件的请求，在规定的时间内完成对该事件的处理，并控制所有实时任务协调一致地运行，这些系统称为实时操作系统。下面简单介绍目前常用的操作系统。

2. 常用操作系统

（1）Windows 操作系统

全世界大约 80%的个人计算机上安装了 Windows 操作系统。Windows 操作系统的名称来源于出现在屏幕桌面上的那些矩形工作区。每一个工作区窗口都能显示不同的文

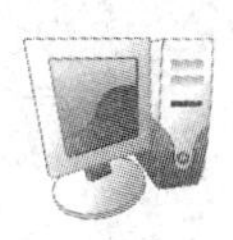

档或程序，为操作系统的多任务处理能力提供了可视化模型。

从一开始 Windows 操作系统就是为使用 Intel 或与 Intel 兼容的微处理器的计算机设计的。随着芯片体系结构从 16 位到 32 位，然后发展到 64 位，Windows 始终跟随着芯片发展的脚步。Windows 开发人员添加和升级了各种功能，还对用户界面进行了改进，以使用户界面外观更漂亮而且更容易使用。Windows 是系列产品，它在发展过程中推出了多种不同的版本。

1995 年推出的 Windows 95 是 Windows 9x 系列的第一个版本，之后在 1998 年推出了 Windows 98 版本，此版本最大的特点是稳定性的增强，这其中包括了 Internet Explorer 浏览器。Windows 95、98 以及在 Windows 98 基础上推出的 Windows 98 SE 以及 Windows Me，都曾经是 PC 机上安装最多的操作系统。

从 1989 年起，微软公司开发了一个新的操作系统系列——Windows NT。此系统可配置在大、中、小型企业网络中，用于管理整个网络中的资源和实现用户通信。

2000 年推出的 Windows 2000 是将 Windows 98 与 Windows NT 的特性相结合发展而来的多用途操作系统。Windows 2000 系列包括工作站版本和服务器版本。

2001 年推出的 Windows XP 是一个既适合家庭也适合商业用户使用的一种 Windows 操作系统。在增强稳定性的同时，Windows XP 加强了驱动程序与硬件的支持。它包括为家庭用户设计的家庭版，为各种规模企业设计的专业版，以及媒体中心版等版本。媒体中心版是一个面向媒体的操作系统，支持 DVD 刻录、高清晰度电视、卫星电视等，并且提供了更新的用户界面。

自 2006 年底开始，微软公司开始推出称为 Windows Vista 的新一代操作系统。此操作系统将计算机系统更加紧密地与用户及其朋友、需要的信息以及使用的各种电子设备无缝地连接起来，让用户界面更简洁，更有效地处理和管理好用户的数据。它有家庭版、企业版等多种版本。

Windows 7 是微软公司继 Windows XP、Vista 之后推出的下一代操作系统，它比 Vista 性能更高，启动更快，兼容性更强，具有很多新特性和优点，比如提高了屏幕触控支持和手写识别，支持虚拟硬盘，改善开机速度等。

(2) UNIX 操作系统

UNIX 操作系统是 1969 年由 A&T 公司的贝尔实验室开发的。UNIX 是通用、多用户、多任务应用领域的主流操作系统之一，它的众多版本被大型机、工作站所使用。Sun 微机系统中的 Solaris 是 UNIX 的一个版本，多用于处理大型电子交易服务器与大型网站上。目前，UNIX 已经有了 3 个版本，除了 Solaris 外，还有惠普公司的 HP-UNIX 和 IBM 公司的 AIX(Advanced Interactive eXecutive)，用户可以从网上获得。

(3) Linux 操作系统

Linux 操作系统产生于 1991 年初，当时的芬兰程序员 Linus Torvalds 还是一个研究生，他将免费的 Linux 操作系统贴到因特网上。Linux 是 UNIX 的一个免费版本，它由成千上万的程序员不断地改进。Windows 操作系统是 Microsoft 公司的版权产品，而 Linux 是开放源代码的软件，这就意味着任何程序员都可以从因特网上免费下载 Linux 并对它改进。唯一的限制是所有的改动都不能拥有版权，Linux 必须对所有人都可用，并且保存在公共区域上。Linux 吸引了许多商业软件公司和 UNIX 爱好者加盟到 Linux 系统的开发行列中，从而使其快速地向高水平、高性能发展。

3.2.3 多任务处理

多任务是指一个用户在同一台计算机上使用一个中央处理器来执行多个程序。例如，在 Windows 系统中可以在编辑文档的同时播放音乐。用户可以借助任务管理器了解系统中有哪些任务正在运行，处于什么状态，CPU 的使用率是多少等有关信息。同时按下 Ctrl＋Alt＋Delete 可以弹出 Windows 任务管理器，如图 3-2 所示。

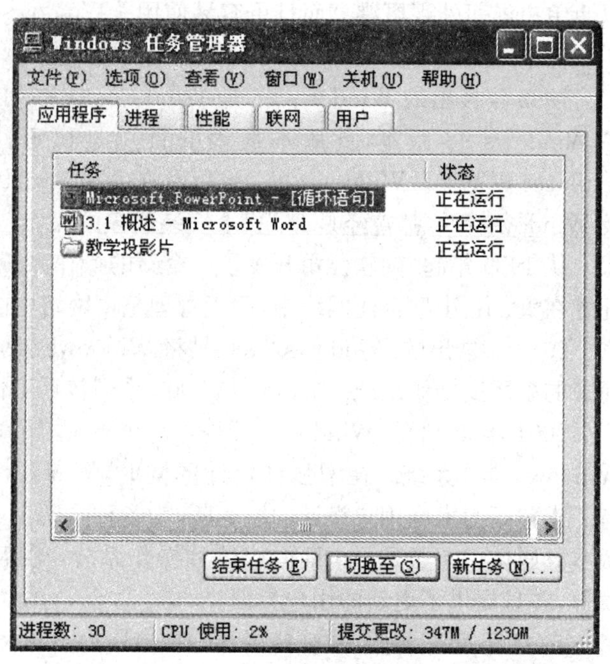

图 3-2 使用任务管理器查看系统中的任务运行情况

由于系统内一般都有多个程序存在，这些程序都要享用 CPU 资源。而在同一时刻，CPU 只能执行其中一个程序，故需要把 CPU 的时间合理、动态地分配给各个程序，使 CPU 得到充分利用，同时使得各个程序的需求也能够得到满足。CPU 调度程序负责把 CPU 时间分配给各个程序，使得多个程序“同时”执行。调度程序采用时间片轮转的策略，将所有就绪的任务按先来先服务的原则排成一个队列，每次调度时，将 CPU 的使用权分配给队头任务，并令其执行一个时间片，处于执行状态的任务时间片用完后即被剥夺 CPU 的使用权。

3.2.4 多处理器处理

多处理器处理指的是一个或多个用户在两个或更多的 CPU 上同时执行程序。这种模式可以一次处理不同程序的指令或者同一程序中的不用指令。如同在只有一个处理器的多任务中，处理过程应该足够快捷，交替在每一个程序上只花费很少的时间，这样几个程序就能同时运行。但多处理器进行处理所需要的操作系统比多任务操作系统更复杂。

实现多处理器处理的方法是并行处理。在并行处理中，几个独立的处理器共同完成同一个任务，并且共享内存。并行处理通常使用在大型计算机系统上，如果其中的一个 CPU 坏了，系统仍然可以运行。

3.2.5 存储管理

计算机上使用的内存由于成本等原因，其容量总有限制。在运行需要处理具有大量

数据的程序时，内存往往不够使用。因此如何对存储器进行有效的管理，不仅直接影响到存储器的利用率，而且还对系统的性能有重大影响。现在，操作系统一般都采用虚拟存储技术进行存储管理。

应用程序在运行之前，没有必要全部装入内存，仅须将那些当前要运行的部分页面先装入内存便可运行，其余部分暂留在硬盘提供的虚拟内存中。程序在运行时，如果它所要访问的页已调入内存，便可继续执行下去；但如果程序所要访问的页尚未调入内存（称为缺页），此时程序应利用操作系统所提供的请求调页功能，将它们调入内存，以使进程能继续执行下去。如果此时内存已满，无法再装入新的页，则还需再利用页的置换功能，将内存中暂时不用的页调至硬盘的虚拟内存中，腾出足够的内存空间后，再将要访问的页调入内存，使程序继续执行下去。这样，便可使一个大的用户程序能在较小的内存空间中运行，也可在内存中同时装入更多的进程使他们并发执行。从用户角度看，该系统所具有的内存容量，将比实际内存容量大得多。但需说明，用户所看到的容量只是一种感觉，是虚拟的，故人们把这样的存储器称为虚拟存储器。

由上所述可以得知，所谓虚拟存储器，是指具有请求调入功能和置换功能，能从逻辑上对内存容量加以扩充的一种存储器系统，其逻辑容量由物理内存和硬盘上的虚拟内存所决定。虚拟存储技术是一种性能非常优越的存储器管理技术。

用户可以右击“我的电脑”，在弹出的快捷菜单中选择“属性”命令，然后在“系统属性”对话框中的“高级”选项卡中查看物理内存的大小和可用的虚拟内存的大小，并进行设置，如图3-3所示。

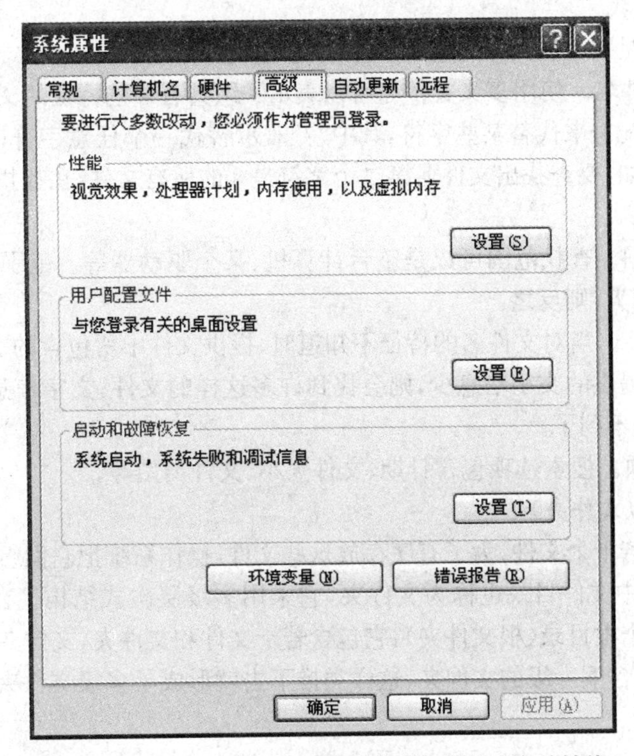

图3-3　使用系统属性查看物理内存和虚拟内存的性能

3.2.6 文件管理

1. 文件的概念

文件是存储在外存储器中的一组相关信息的集合。计算机中的程序、数据、文档通常都组织成文件存放在外存储器中,用户必须以文件为单位对外存储器中的信息进行访问和操作。

为了便于管理和使用,每个文件都有一个名称,即文件名。计算机是靠文件名来识别不同文件的,就像每个人都有一个名字,相互之间靠姓名区分一样。文件名最多由255个字符组成,文件名中允许有空格,但不能含有? *\/＜＞:"|等字符。

文件名由两部分组成:主文件名和扩展名。主文件名是文件的主要标识,不可省略。文件扩展名由"."加3～4个英文字母组成,用于区分文件的类型。例如,程序文件(可执行文件)的扩展名有.exe、.com等,数据文件的扩展名有纯文本文件(.txt)、PDF文件(.pdf)、Word文件(.doc)、投影片文件(.ppt)、数码照片文件(.jpg)、MP3音乐文件(.mp3)等。

2. 文件的属性

在Windows操作系统中,文件属性有很多种,如系统属性,表示该文件为计算机系统运行所必需的文件;存档属性,表示自上次备份后又修改过的文件属性;隐藏属性,表示在目录显示时文件名不显示出来;只读属性,表示该文件只能读取,不能修改。Windows操作系统允许一个文件兼有多种属性。

3. 文件的查找

文件的查找是按文件的某种特征在某一范围内查找文件。

(1) 多义文件名。使用多义文件名可以表示一组具有某些特征的文件名。表示的方法是采用两个通配符来代替某些字符,其中"?"表示替代一个任意字符;"*"表示替代多个任意字符。例如,要查找出文件名第二个字符是a的所有文件,在查找对话框中则应输入? a*.*。

(2) 查找范围。查找范围可以是整台计算机、某个驱动器等。范围小,搜索速度快,但容易遗漏;范围大,则反之。

(3) 包含文字。当对文件名的特征不知道时,提供文件中所包含的文字,也是一种可行的方法。当然提供的文字信息少,则会找到许多这样的文件;文字信息多了,容易造成信息有误,反而找不到了。

(4) 搜索选项。搜索选项包含日期、文件大小、文件类型等。

4. 文件目录(文件夹)

计算机中有若干个文件,为了有序存放这些文件,操作系统把它们组织在若干文件目录中。Windows中文件目录也称为文件夹,它采用多级层次式结构。在这种结构中,每个逻辑磁盘有一个根目录(根文件夹),它包含若干文件和文件夹,文件夹不但可以包含文件,而且还可以包含下一级的文件夹,这样类推下去就形成了多级文件夹结构,如图3-4所示。

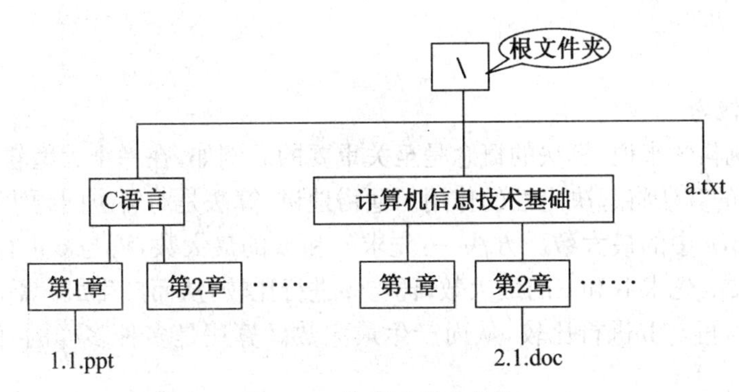

图 3-4　多级文件夹结构

5. **文件管理**

(1) 文件管理的任务

文件管理的任务是有效地支持文件的存储、检索和修改等操作，解决文件的共享、保密和保护问题，由操作系统中的文件管理子系统完成文件管理的任务。文件管理子系统的主要职责是如何在外存储器中为创建(或保存)文件而分配空间，为删除文件而回收空间，并对空闲空间进行管理。

(2) 文件管理系统向用户(或程序)提供的基本功能

① 创建新文件(文件夹)在外存储器中分配空间，将新创建文件(文件夹)的说明信息添加到指定的文件夹中；

② 保存文件，将内存中的信息以规定的文件名存储到指定位置；

③ 读入文件，将指定外存中的指定文件夹内的指定文件读入到内存；

④ 删除文件，从指定外存中的指定文件夹内将指定的文件删除，释放其原先占用的存储空间。

3.2.7 设备管理

设备管理的对象主要是 I/O 设备，其任务是负责控制和操纵所有 I/O 设备，实现不同类型的 I/O 设备之间、I/O 设备与 CPU 之间、I/O 设备与通道和控制器之间的数据传输，使它们能协调地工作，为用户提供高效、便捷的 I/O 操作服务。设备管理的目的是方便用户操作，提高设备利用率和处理效率。

3.3 算法和数据结构

一般来说，用计算机解决一个具体问题时，大致需要经过下列几个步骤：首先要从具体问题抽象出一个适当的数学模型，然后设计一个解此数学模型的算法，最后编出程序，进行测试直至得到最终结果。寻求数学模型的实质是分析问题，从中提取操作的对象，并找出这些操作对象之间含有的关系，然后用数学的语言加以描述。

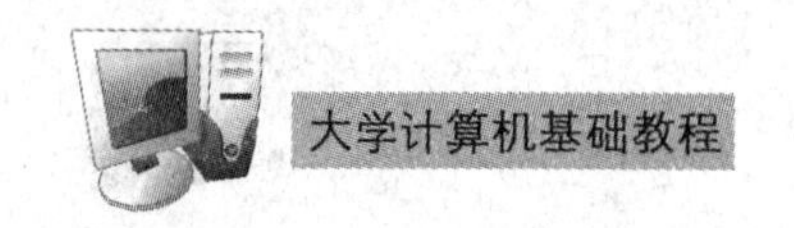

3.3.1 算法

1. 算法的概念

对于计算机科学来说,算法的概念是至关重要的。例如,在一个大型软件系统的开发中,设计出有效的算法将起决定性的作用。通俗地讲,算法是对解决问题步骤的描述。例如求 3 个数 a,b,c 中的最大数。方法一:先求 a 和 b 的最大数,再与 c 进行比较,从而产生最大数;方法二:先求 b 和 c 的最大数,再与 a 进行比较,从而产生最大数;方法三:先求 a 和 c 的最大数,再与 b 进行比较,从而产生最大数。算法是多种多样的,但必须满足下述 4 条性质:

(1) 确定性。算法中的每一条指令必须有确切的含义,不存在二义性。

(2) 有穷性。一个算法必须总是在执行有穷步之后结束,且每一步都可在有穷时间内完成。

(3) 能行性。算法中描述的操作在计算机上都是可以实现的。

(4) 输出。一个算法应该有 1 个或多个输出。

2. 算法设计

对于一个具体的问题常常会有许多不同的算法,那么如何去评价一个算法的优劣呢?一个好的算法应该具有以下几个标准:

(1) 正确性。算法描述中不应含有语法错误,对于一切合法的输入数据都能得出满足要求的结果。

(2) 可读性。算法主要是为了人的阅读,其次才是为计算机执行,因此算法应该易于人的理解。

(3) 健壮性。当输入非法数据时,算法应当适当地做出反应或进行处理,而不会产生莫名其妙的输出结果。

(4) 高效率与低存储量需求。效率指的是算法的执行时间,以时间复杂度来衡量。所谓时间复杂度是指算法中所包含操作的执行次数。存储量需求是指算法执行过程中所需要占用计算机存储器的存储空间,以空间复杂度来衡量。

算法的设计一般采用由粗到细、由抽象到具体的逐步求精的方法。例如,给定 n 个整数,现给出任意一个整数 x,要求确定数据 x 是否在这 n 个数据中。首先给出一种思路:

这 n 个数据如果按任意次序排列($a_1,a_2,\cdots,a_n$),那么,要查找 x,就首先必须让 x 与 a_1 比较,若不等,则与 a_2 比较,以此类推,直到存在某个 i($1\leqslant i\leqslant n$)使得 x 等于 a_i,或者 i 大于 n 为止,后者说明没有找到。

如果我们将数据按大小次序排列起来,满足 $a_1\leqslant a_2\leqslant\cdots\leqslant a_n$,则顺序在表中查找 x 时只要发现 $x<a_1$,或出现 $a_i<x<a_{i+1}$($1\leqslant i\leqslant n-1$),或者 $a_n<x$,就可以断定 x 不在这 n 个数据中。当 x 不是这 n 个数据的最大值时,不需要进行 n 次比较,这样确定 x 不在数据中的平均查找时间就会节省很多。

在数据按大小顺序排列后,若我们采用下面的二分查找方法,则平均查找时间会大大减少。二分查找的算法是:

开始设 $l=1,h=n$;重复以下步骤,直到 $l>h$ 后转⑤:

① 计算中点 m=(l+h)/2 的整数部分(小数部分忽略);
② 若待查数据 x 与第 m 个数据相同,查找成功,算法结束;
③ 若 x 小于第 m 个数据,则 h 改为 m−1,转①;
④ 若 x 大于第 m 个数据,则 l 改为 m+1,转①;
⑤ 查找不成功,x 不在这 n 个数据中,算法结束。

从这里我们又看出,同样的数据排列方式。不同的算法将影响任务完成的效率。

3. 算法的表示

算法的表示有很多种方法,最简单的就是自然语言,但这样的描述不够细致,也不够明确,一般用于设计初期做一个大致的轮廓的描述。常用的算法表示方法有三种:

- 流程图
- 程序设计语言
- 伪代码

(1) 流程图是用一些几何图形、线条和文字来说明处理步骤,相对来说比较直观、清晰、易懂,便于检查和修改。前面所讲的求 3 个数 a,b,c 中的最大数的例子用流程图表示如图 3-5 所示。

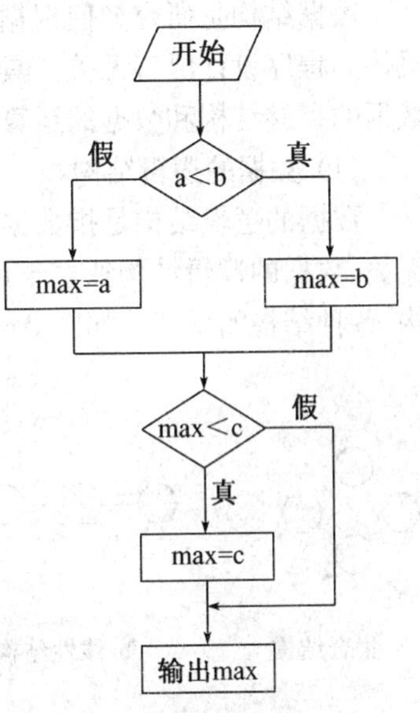

图 3-5　求 3 个数中最大数的流程图表示

但当算法比较复杂时,流程图也难以表达清楚,且容易产生错误。

(2) 用程序设计语言表示算法显得清晰、简明,可以一步到位,写出的算法能由计算机处理。将上述的流程图用程序设计语言(如 C 语言)表示如下:

```
main( )
{  int a,b,c,max;
   scanf ("%d,%d,%d",&a,&b,&c);
   if (a<b)
      max=b;
   else
      max=a;
   if (max<c)
      max=c;
   printf ("%d",max);
}
```

由于程序设计语言表示算法过于具体,增加了不必要的工作量,尤其对没有学过程序设计的人员来说,理解起来有一定的困难,因此这种表示对算法设计不太适合。

(3) 伪代码是介于自然语言和程序设计语言之间的一种表示方法,忽略程序设计语言中的烦琐细节,保留程序设计语言中关键的流程控制结构,再适当辅之以自然语言描述。是一种既精确又容易理解的表示方法。

3.3.2 数据结构

1. 数据结构的概念

数据是描述客观事物的数值、字符以及所有能输入到计算机中并被计算机程序处理的符号的集合。计算机应用的范围不断扩大，相应地，计算机加工处理的对象也从早期纯粹的数值发展到字符、图像、声音等各种复杂的数据。将松散、无组织的多种类型数据按某种要求组合成一种数据结构，对于设计一个高效、可靠的程序是大有益处的。在计算机科学中，将程序中数据的组织方式叫作数据结构。

2. 数据结构研究的内容

数据结构是研究如何根据实际问题组织数据和定义新的数据类型，是面向应用的，与具体的程序设计语言无关。具体而言，数据结构包含三个方面的内容：数据的逻辑结构、数据的存储结构和数据的运算。

(1) 数据的逻辑结构

数据的逻辑结构是指数据元素之间的逻辑关系，与数据在计算机内部是如何存储的无关，数据的逻辑结构独立于计算机。通常分为集合结构、线性结构、树形结构和网状结构，各种结构的示意图如图 3－6 所示。

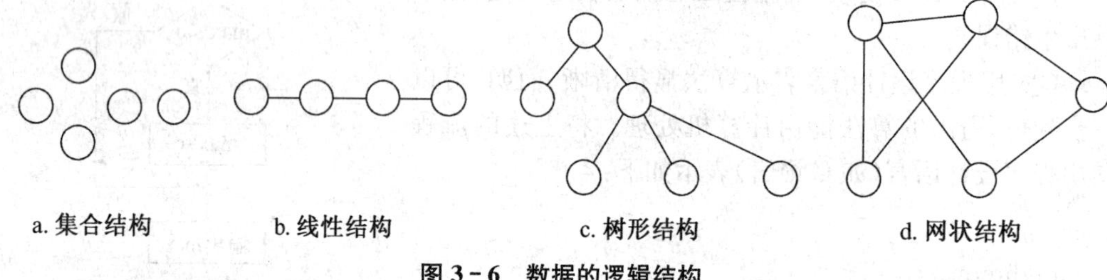

图 3－6 数据的逻辑结构

① 集合结构。集合中任何两个数据元素之间除了“同属于一个集合”的关系外，无其他关系。

② 线性结构。线性结构中数据元素之间存在一对一的关系。

③ 树形结构。树形结构具有分支、层次特性，其形态有点像自然界中的树。数据元素之间存在一对多的关系。

④ 网状结构。网状结构最为复杂，结构中数据元素之间存在多对多的关系。

(2) 数据的存储结构

数据的存储结构即数据的逻辑结构如何在实际的存储器中予以实现，数据元素如何表示，相互关系如何表示等。数据的存储结构有两种方式：一种是“数组”形式的顺序表结构，另一种是链接表结构。

① 顺序表结构

顺序表结构为一组数据分配一个连续的存储区，然后按照数据间的邻接关系，相继存放每个数据。顺序表结构的典型代表是程序设计语言中的数组。

② 链接表结构

所谓数据的链接表结构，即存储每个数据的存储结点都由两个部分组成，一部分用来存放数据元素本身的信息，另一部分用来存放与本数据元素邻接的数据元素存储结点的位置，即存储指向与之邻接的存储结点的指针(起始地址)，通过这些指针反映出数据间的逻辑关系。

比如，图 3－7(a)所示为一个链式存储结点，在它的里面除了存放数据元素(用 Data 表示)外，还存放一个指针(用 Next 表示)。图 3－7(b)表示有 3 个数据元素，分别是数据元素 A、数据元素 B、数据元素 C，它们间的逻辑关系是：数据元素 A 与数据元素 B 邻接，数据元素 B 与数据元素 C 邻接。采用链式存储方式时，存放数据元素 A 的存储结点里，存放着指向数据元素 B 的指针；存放数据元素 B 的存储结点里，存放着指向数据元素 C 的指针；存放数据元素 C 的存储结点里，存放着一个空指针符“∧”，以表示数据邻接关系的结束。

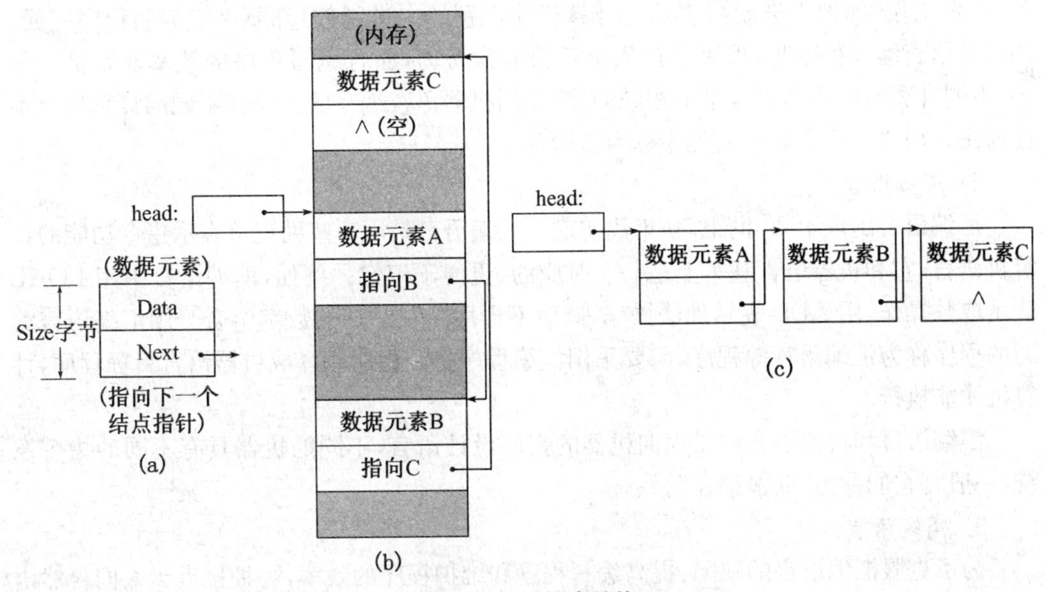

图 3－7　链接表结构

在链式存储结构里，从一个结点的 Next 指针，可以找到它后面的那个结点在内存中的位置。因此，必须另设一个指针，指向该结构的第 1 个存储点。在图 3－7(b)里，用 head 表示这个指针。这样，由 head 就可以找到第 1 个存储结点；由第 1 个结点的 Next 可以找到第 2 个存储结点；如此下去，直到遇见空指针“∧”时，表示结束。为了简明起见常把图 3－7(b)表示成图 3－7(c)，用符号“→”表示指向下一个存储结点。

(3) 数据的运算

不同数据结构各有其相应的若干运算，常用的运算有插入、删除、检索和排序等。例如，在档案信息问题中，要设计如何添加一个新的人员，如何删除一份档案，如何对档案文件进行快速整理排序，如何高效快速查找资料等算法。

3.4 程序设计语言

用户使用计算机，就需要和计算机交换信息。为解决用户和计算机对话的语言问题，就产生了计算机语言。计算机语言称之为程序设计语言。下面介绍程序设计语言的一些基本知识。

3.4.1 程序设计语言的分类

程序设计语言可以划分为机器语言、汇编语言和高级语言三大类。

1. 机器语言

机器语言就是计算机的指令系统。机器语言是直接用二进制代码指令表示的计算机语言，是计算机唯一能直接识别、直接执行的计算机语言。机器语言的每条指令记忆困难，很多工作(如把十进制数表示为计算机能识别的二进制数)都要人来编制程序完成。用机器语言编写程序时，程序设计人员不仅非常费力，而且编写程序的效率非常低。另外，不同计算机的机器语言是不相同的，因此用机器语言编写的程序在不同的计算机上不能通用。用机器语言编写的程序称为目标程序。

2. 汇编语言

汇编语言出现于20世纪50年代初期。汇编语言是用一些助记符表示指令功能的计算机语言，它和机器语言基本上是一一对应的，更便于记忆。例如，汇编语言中用LOAD表示取数操作，用ADD表示加法操作等，而不再用“0”和“1”的数字组合。用汇编语言编写的程序称为汇编语言源程序，需要采用汇编程序将源程序翻译成机器语言目标程序，计算机才能执行。

汇编语言和机器语言都是面向机器的程序设计语言，不同的机器具有不同的指令系统，一般将它们称为“低级语言”。

3. 高级语言

为了克服汇编语言的缺陷，提高编写程序和维护程序的效率，一种接近于人们自然语言(主要是英语)的程序设计语言出现了，这就是高级语言。高级语言与具体的计算机指令系统无关，其表达方式更接近人们对求解过程或问题的描述方式。这是面向程序的、易于掌握和书写的程序设计语言。使用高级语言编写的程序称为“源程序”，必须编译成目标程序，再与有关的“库程序”连接成可执行程序，才能在计算机上运行。

高级语言目前有许多种，每种高级语言都有自身的特点及特殊的用途，但它们的语法成分、层次结构却有相似处。在结构上一般由基本元素、表达式及语句组成。

3.4.2 语言处理程序

语言处理程序的作用是把用汇编语言或高级语言编写的源程序翻译成可在计算机上执行的目标程序。负责完成这些功能的软件是汇编程序、解释程序和编译程序，它们通称为语言处理程序。

1. 汇编程序

汇编程序是将汇编语言编写的源程序翻译加工成机器语言表示的目标程序。

2. 解释程序

解释程序是高级语言翻译程序的一种，它将源程序作为输入，解释一句后就提交计算机执行一句，并不形成目标程序。就像外语翻译中的“口译”一样，说一句翻一句，不产生全文的翻译文本。这种工作方式非常适合于用户通过终端设备与计算机会话，如在终端上打一条命令或语句，解释程序就立即将此语句解释成一条或几条指令，并提交硬件立即执行且将执行结果反映到终端，从终端把命令输入后，就能立即得到计算结果。这的确是很方便、很适合于一些小型机的计算问题。但解释程序执行速度很慢，例如源程序中出现循环，则解释程序也重复地解释并提交执行这一组语句，就造成很大浪费。

3. 编译程序

编译程序是一类很重要的语言处理程序，它把源程序作为输入，进行翻译转换，产生出机器语言的目标程序，然后再让计算机去执行这个目标程序，得到计算结果。通过编译程序的处理可以产生高效运行的目标程序，并把它保存在磁盘上，以备多次执行。因此，编译程序更适合于翻译那些规模大、运行时间长的大型应用程序。

3.4.3　程序设计语言的基本成分

程序设计语言的基本成分有：① 数据成分，用以描述程序所涉及的数据；② 运算成分，用以描述程序中所包含的运算；③ 控制成分，用以描述程序中所包含的控制；④ 传输成分，用以表达程序中数据的传输。

程序设计语言中的控制成分可以分为顺序结构、选择结构和重复结构三种。

1. 顺序结构

图 3-8 为顺序结构的流程图，表示先执行操作 A，然后执行操作 B。

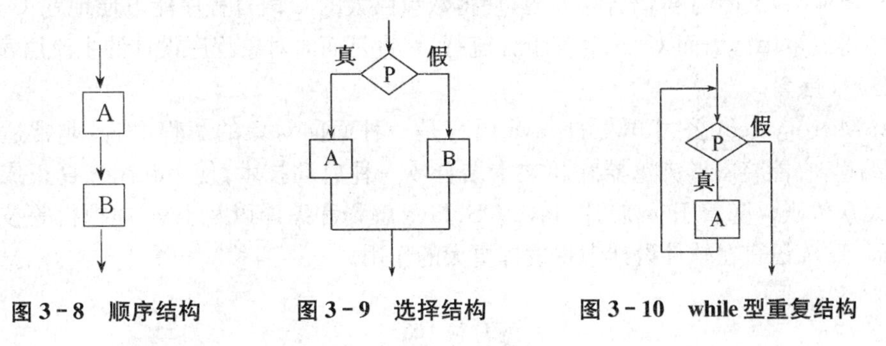

图 3-8　顺序结构　　图 3-9　选择结构　　图 3-10　while 型重复结构

2. 选择结构

图 3-9 为选择结构的流程图，表示当条件 P 成立时执行操作 A，当条件 P 不成立时执行操作 B。

3. 重复结构

重复结构有多种形式，最基本的形式为 while 型重复结构。图 3-10 为 while 型重复结构的流程图,表示当条件P成立时重复执行操作A,直到条件P不成立时结束重复操作。

3.4.4 常用程序设计语言介绍

1. FORTRAN语言

FORTRAN是FORmula TRANslation(公式翻译)的缩写词,它是一种面向过程的程序设计语言。1954年被提出来,1956年开始正式使用。FORTRAN语言是为科学、工程问题或企事业管理中的那些能够用数学公式表达的问题而设计的,主要应用于数值计算。

2. BASIC和VB语言

BASIC是Beginner's All-purpose Symbolic Instruction Code(初学者通用符号指令代码)的缩写,诞生于1964年。该语言简明易学,具有人机对话功能。BASIC的发展很快,已经形成了多种版本,如True BASIC、Turbo BASIC、Quick BASIC、Visual BASIC等。VB(Visual BASIC)是美国Microsoft公司于1991年研制的一种基于图形用户接口的Windows环境下的开发工具,是一种面向对象、可视化的开发工具。Visual BASIC具有强大的数据库访问能力,可以方便地实现分布式的数据库处理。

3. C语言

C语言是由美国贝尔实验室的D. M. Ritchie等人在20世纪70年代中期设计而成的面向过程的程序设计语言。C语言的表达式精练,数据结构和控制结构都十分灵活,用C语言编写的程序兼有高级语言和汇编语言两者的优点。C语言已广泛应用于实时控制、数据处理等领域,特别适合于操作系统、编译程序的描述,适宜于系统软件的开发。

4. C++语言

C++语言是在C语言基础上发展起来的面向对象的程序设计语言,它既有数据抽象和面向对象能力,又能与C语言相兼容,使得数量巨大的C语言程序能方便地在C++语言环境中得以重用。因而C++语言十分流行,一直是面向对象程序设计的主流语言。

5. Java语言

Sun Microsystem公司开发的Java语言是一种面向对象的编程语言,非常适合为WWW编程,它能将图形浏览器和超文本结合成一种启动技术,使Internet真正成为国际性的大众传媒。随着Java芯片、Java OS、Java解释和编译以及Java虚拟机等技术的不断发展,Java语言在软件设计中将发挥更大的作用。

习 题

一、填空题

1. 按照用途,通常将软件分为________和应用软件两类。

2. 算法和________的设计是程序设计的主要内容。

3. 解决某一问题的算法也许有多种,但它们都必须满足确定性、有穷性、能行性和输出。其中输出的个数应大于等于________。(填一个数字)

4. 程序设计语言可以划分为________、汇编语言和________三类。

5. Java 语言是一种面向________的、适用于网络环境的程序设计语言。

二、选择题

1. 能管理计算机的硬件和软件资源，为应用程序开发和运行提供高效率平台的是______。

A. 操作系统　　B. 数据库管理系统
C. CPU　　D. 专用软件

2. 下列操作系统都具有网络通信功能，但其中不能作为网络服务器操作系统的是______。

A. Windows 98　　B. Windows NT Server
C. Windows 2000 Server　　D. UNIX

3. 数据库管理系统是______。

A. 应用软件　　B. 操作系统　　C. 系统软件　　D. 编译系统

4. 理论上已经证明，有了______三种控制结构，就可以编写任何复杂的计算机程序。

A. 转子(程序)，返回，处理　　B. 输入，输出，处理
C. 顺序，选择，重复　　D. I/O，转移，循环

5. 下列关于操作系统任务管理的说法，错误的是______。

A. Windows 操作系统支持多任务处理
B. 分时是指将 CPU 时间划分成时间片，轮流为多个程序服务
C. 并行处理操作系统可以让多个处理器同时工作，提高计算机系统的效率
D. 分时处理要求计算机必须配有多个 CPU

6. 未获得版权所有者许可就使用的软件被称为______软件。

A. 共享　　B. 盗版　　C. 自由　　D. 授权

7. 下面关于虚拟存储器的说明中，正确的是______。

A. 虚拟存储器是提高计算机运算速度的设备
B. 虚拟存储器由 RAM 加上高速缓存组成
C. 虚拟存储器的容量等于主存加上 Cache 的容量
D. 虚拟存储器由物理内存和硬盘上的虚拟内存组成

8. CPU 唯一能够执行的语言是______。

A. 机器语言　　B. 高级语言　　C. 汇编语言　　D. 目标语言

三、判断题

1. 为了方便人们记忆、阅读和编程，对机器指令用符号表示，相应形成的计算机语言称为汇编语言。（　　）

2. 计算机系统中最重要的应用软件是操作系统。（　　）

3. FORTRAN 是一种主要用于数值计算面向对象的程序设计语言。（　　）

4. 操作系统一旦被安装到计算机系统内，它就永远驻留在计算机的内存中。（　　）

四、简答题

1. 简述计算机操作系统的作用和主要功能。

2. 什么是算法？算法有哪些性质？
3. 什么是数据结构？数据结构包括哪些方面的内容？
4. 简述机器语言、汇编语言和高级语言的不同特点。

第 4 章 计算机网络

计算机网络给现代社会带来了巨大变化，改变了人们的生活、工作及学习方式，使人们之间的沟通越来越便捷，信息的发布传递越来越迅猛，人们之间的距离越来越“近”。本章主要介绍了计算机网络的基本知识，重点讲解了属于局域网类别的以太网和属于广域网类别的因特网，同时还介绍了常用的网络信息安全知识。

4.1 计算机网络概述

4.1.1 计算机网络的定义及组成

现代社会信息技术不断发展，其中具有代表性的有计算机技术和通信技术。随着这两门技术的相互融合，计算机网络也随之出现并发展起来。计算机网络的示意图如图 4－1 所示。那么，计算机网络是什么呢？从不同的角度我们会有不同的解释，比如从计算机网络的组成结构角度，我们可以有这样的定义：

计算机网络是用通信链路将分散独立的多个计算机系统互相连接起来，按照网络协议进行数据通信，以实现资源共享等功能的计算机集合。

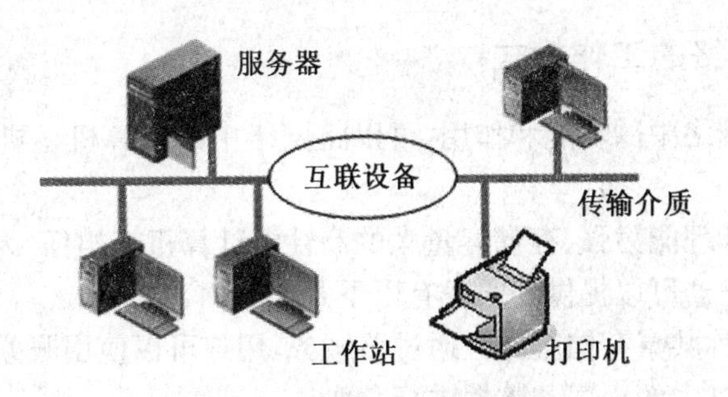

图 4－1 计算机网络示意图

在以上对于网络的定义中，我们可以看出计算机网络主要包含计算机主机、通信链路、网络协议三个部分。

1. 计算机主机

计算机主机指连接到网络中的具有数据处理和信息交互能力的计算设备，例如大型机、小型机、个人电脑、外部设备终端等。

2. **通信链路**

通信链路是由通信传输介质及网络互连设备组成，用于将多个计算机主机连接在一起，实现数据通信。

通信传输介质种类很多，如双绞线、同轴电缆、光缆、无线电波等。

网络互连设备主要包括集线器、交换机(图4-2)、路由器(图4-3)等。

图4-2　交换机

图4-3　路由器

3. **网络协议**

网络协议指网络中的各部分为实现数据通信所必须遵守的一系列规则和约定。目前常见的网络协议有TCP/IP(传输控制/网际协议)、OSI/RM(开放系统互连参考模型)等系列。

计算机网络中的计算机主机、通信链路等设备属于网络硬件，而网络协议属于网络软件，除此之外网络软件还包括网络操作系统(如Windows系列、UNIX、Linux)、网络管理软件、各种网络应用软件(如IE浏览器、QQ聊天软件)等。

4.1.2　计算机网络的工作模式

根据计算机在网络中的功能和作用，可以将网络中的计算机主机分为服务器和客户机(工作站)两类。

服务器通常由处理能力强、存储容量大的高性能计算机来担任，为客户机提供共享资源和网络服务。服务器可以提供的服务有以下几个方面：

- 文件服务，也称共享存储服务。通过该服务，用户可以使用服务器中可共享的程序与数据，并对其中的程序和数据进行存取。
- 打印服务。网络上的客户机一般不需要配备单独的打印机，需要打印时，可以通过访问打印服务器，将文件传送到网络打印机上。
- 应用服务。应用服务是一种由服务器为网络用户运行软件的服务，即应用服务器可以帮助客户机执行某一项任务的部分或者全部内容。
- 消息服务。消息服务是指网络用户通过服务器实现相互通信，如传递文本、图像和

声音等消息，常见的消息服务有电子邮件服务、网上聊天服务、网络电话、视频会议等。

- 数据库服务。数据库服务器上运行的数据库管理软件，负责完成数据库中的数据存储与检索等事务处理。

客户机是指用户使用的一般计算机。用户可以通过客户机访问网络服务器的共享资源，享受网络服务。

计算机网络中每一台计算机的“身份”可以是客户机，或者是服务器，或者既是客户机又是服务器。根据身份划分的区别，可以将计算机网络的工作模式划分为对等(peer-to-peer，简称 P2P)模式和客户机/服务器(Client/Server，简称 C/S)模式。

对等模式是指网络中的每台计算机既可以是客户机又可以是服务器，可以请求服务，也可以提供服务。

客户机/服务器模式是指网络中每台计算机的角色是固定的，始终充当客户机角色去请求服务，或者一直充当服务器角色为其他客户机提供网络服务，如图 4-4 所示。

图 4-4　客户机/服务器模式

4.1.3　计算机网络的功能

拥有计算机网络，我们可以更方便地使用计算机资源，更快捷地实现信息交流，并可以将多个计算机系统联合在一起协同工作。随着技术的发展，计算机网络的功能将会越来越强大。一般我们将计算机网络具备的功能概括为以下几个方面：

1. 资源共享。用户可以通过计算机网络共享网络中的各种软件、硬件、数据信息等资源，其中包括网上信息资源、网络数据库、打印机设备、大容量存储设备等。资源共享是计算机网络的主要功能。

2. 信息传输。计算机网络上的计算机系统可以通过通信链路互相传递数据，实现数据通信，达到信息交流的目的，其中信息类型可以是多样的，如数据、文字、图像、声音等。

3. 分布式处理。单个独立的计算机系统处理问题的能力毕竟是有限的，通过计算机网络联合多个计算机系统，使其协同工作，可以完成许多大型复杂的数据处理任务。

4. 提高健壮性。通过计算机网络还可以将重要的数据信息在多个计算机中备份，以防止某台计算机发生故障或病毒侵袭时数据丢失，从而提高整个系统的可靠性，保证数据安全。

4.1.4　计算机网络的分类

从不同的角度可以将计算机网络分为各种类型。

1. 从网络的覆盖范围来看，可以分为局域网、城域网和广域网这三个类型。

局域网(Local Area Network，简称 LAN)的覆盖范围一般在几千米以内，地理范围有限，比如一个房间、一幢楼、一所学校等。其优点是数据传输速度快，误码率低，构建网络费用低等。

广域网(Wide Area Nerwork，简称 WAN)的覆盖范围一般为几十、几千甚至几万公里以上，地理范围很大，比如一座城市、一个国家，乃至全球，因此广域网也叫远程网。由于广域网的覆盖范围大，相比局域网而言，其传输速度慢，误码率高，构建网络费用也高。我们广泛使用的因特网(Internet)就是一种典型的广域网。

城域网(Metropolitan Area Network，简称 MAN)的地理覆盖范围介于局域网和广域网之间，一般为几到几十公里之间，可以覆盖一个城市。通常可以将城域网归属于广域网的范畴。

2. 从网络的拓扑结构来看，可以有总线型、星型、环型这三种基本结构。

网络的拓扑结构是通过点和线的几何关系来描述计算机网络中多个计算机节点之间互相连接的方式。在拓扑结构图中将计算机与其他连网设备表示为若干个节点，而节点之间的通信线路则用连线来表示。

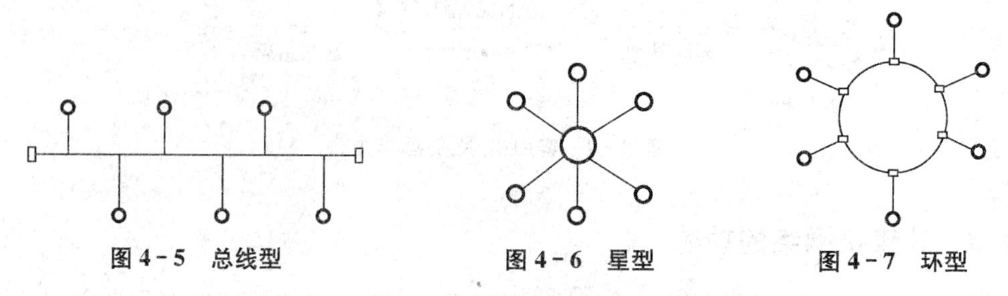

图 4－5　总线型　　图 4－6　星型　　图 4－7　环型

总线型网络(图 4－5)的特点是将所有节点都连接到一条公共线路上，所有节点的数据都在公共线路上传输，这条公共线路被称为总线。这种拓扑结构的优点是构建简单，成本低廉，使用方便；缺点是网络性能不高，数据传输存在延时，且当节点过多时会造成网络性能急剧下降。

星型网络(图 4－6)的特点是网络中存在一个中心节点，负责控制整个网络的数据通信，其余各节点都直接连接到中心节点上，通过中心节点与其他节点通信。这种拓扑结构的优点是结构简单，容易构建，方便控制和管理；缺点是中心节点负担重，一旦中心节点发生故障，会造成整个网络的瘫痪。

环型网络(图 4－7)的特点是网络中的所有节点互相连接形成一个闭合的环路，任意两个节点之间的数据都是沿着环路依次在中间节点上传输。这种拓扑结构的优点是结构简单，缺点是网络管理复杂。

以上三种拓扑结构属于基本结构，在基本结构上还可以组合出更加复杂的拓扑结构，如树型结构、网状型结构等。

3. 从网络的使用范围来看，可以有公用网和专用网之分。供大众使用的网络称为公用网，如因特网；在某个部门系统中专用的网络称为专用网，不提供对外服务，如军队网络、电力系统网络。

4. 从网络用途来看还可分为科研网、教育网、校园网、企业网等。

4.2　局域网

局域网产生于 20 世纪 70 年代，是指在有限的地域范围(几千米)以内由多台计算机互联而成的计算机网络。随着局域网的发展，先后出现过多种类型，如以太网、令牌环网、FDDI 网(光纤分布数字接口网)等，目前被广泛使用的是以太网，本节将在 4.2.2 节重点介绍以太网。在局域网的发展过程中，IEEE(国际电子电气工程师协会)推动了局域网技术的标准化，由此产生了 IEEE 802 系列标准。

4.2.1　局域网的特点与组成

1. 局域网的特点

局域网具有以下主要特点：

(1) 地理范围有限，一般为十几米到十几公里；

(2) 数据传输速率较高，一般为 10 Mbps～10 Gbps；

(3) 延迟时间短，误码率低，一般为 10^{-11}～10^{-8}；

(4) 组建方便，投资较少，使用灵活。

2. 局域网的组成

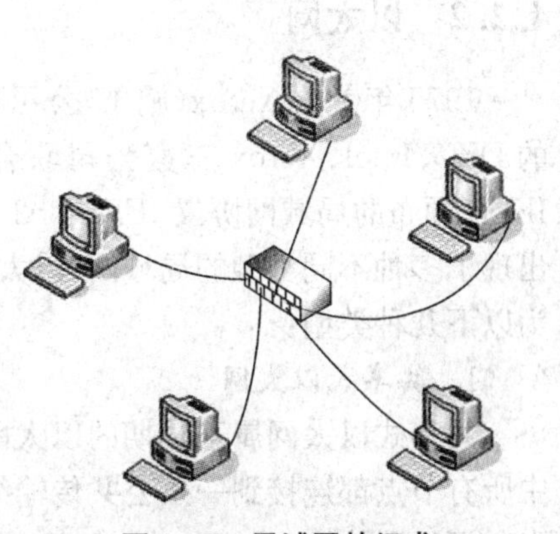

图 4-8　局域网的组成

局域网包含网络节点(Node)、传输介质与网络互联设备等，并需要网络协议的支持。图 4-8 是局域网的组成示意图。

(1) 节点

网络中的工作站、服务器、打印机等都可以被称为节点。

● MAC 地址

IEEE 802 标准规定局域网中的每个节点都有一个唯一的物理地址，该地址称为介质访问地址(Media Access Address，即 MAC 地址)，是一组全球唯一的 48 位二进制地址。通过 MAC 地址可以区别各节点的身份，实现节点互相通信。

● 数据帧

局域网中的任意两个节点通信时，数据要被划分成若干个单元来传输，每个单元称为数据帧或帧(Frame)。帧的格式如图 4-9 所示。

发送节点 MAC 地址	接收节点 MAC 地址	控制信息	有效载荷(传输的数据)	校验信息

图 4-9　局域网数据帧格式

● 网卡

局域网上的每台计算机都需要安装网络接口卡，简称网卡，每个网络节点的 MAC 地址都存放在该节点的网卡中。网卡通过双绞线等传输介质将计算机与网络连接起来。网卡的任务是负责发送数据和接收数据，CPU将它视为输入/输出设备。

(2) 传输介质与互联设备

传输介质的作用是把计算机与网络连接起来，局域网中的传输介质通常有双绞线、同轴电缆、光缆、无线电波等。

局域网中常用的互联设备有集线器和交换机等网络设备。

(3) 局域网协议

局域网中除了包含必要的硬件设备，还需要网络协议的支持，以完成寻址、路由和流量控制等功能，使数据通过复杂的网络结构传输到达目的地。常用的局域网协议有TCP/IP、IPX、AppleTalk等，其中TCP/IP是最普遍使用的局域网网络协议，它也是因特网所使用的网络协议。

4.2.2 以太网

1975年美国Xerox(施乐)公司最早建立了以太网(Ethernet)。随后由1980年美国的DEC、Intel、Xerox三家公司联合将以太网开发成为局域网技术规范标准，1985年IEEE颁布的局域网协议IEEE 802.3与该技术标准基本一致。随着局域网的发展，先后出现了多种不同类型的局域网，以太网是目前应用最广泛的一种局域网。以太网可以分为以下几种类型：

1. 共享式以太网

共享式以太网属于早期的以太网类型，拓扑结构为总线型，如图4-10所示。以太网中所有节点都连接到一条公共传输线路上，该公共传输线被称为总线，通过该总线实现节点之间的通信。

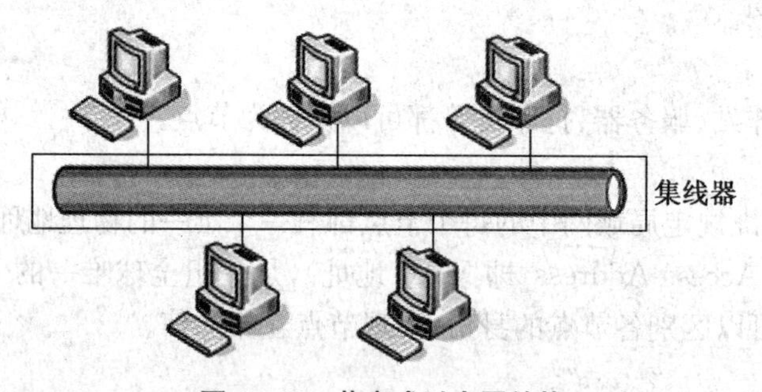

图4-10 共享式以太网结构

在实际使用过程中，共享式以太网一般采用集线器(Hub)来实现总线功能，而网络中的节点通过网卡和传输介质连接到集线器上，传输介质类型一般以双绞线居多。

(1) 集线器

集线器作为网络互联设备，其功能主要有两方面：

- 中继器，将信号放大整形，以便传输更远的距离；
- 将任何一个节点发送的信息以广播方式向总线上其他节点分发。

(2) CSMA/CD 协议

共享式以太网的工作特点是所有节点都共享同一条总线，并采用广播方式传输数据帧，因此当网络中有两个以上的节点同时发送数据时，就会出现冲突，导致网络出现故障。以太网技术解决这个问题的方法是采用一种介质访问控制协议——CSMA/CD(载波监听多路访问/冲突检测)。CSMA/CD 协议的工作原理大致如下：

① 节点发送前先侦听总线是否空闲(无信号正在传输)；

② 若总线空闲，该节点就发送信息；

③ 若总线正在忙，就一直侦听，直到侦听到总线有空才发送；

④ 在发送数据期间，节点继续保持侦听总线，如果检测到总线冲突，则立刻停止发送当前的数据，并在等待了一个随机时间间隔后再重复第①步；

⑤ 如果在发送数据期间，节点一直未检测到冲突，则信息发送成功。

以上过程可以归纳为：发前先听，边发边听，冲突停止，延迟重发。

由于任何时刻只能有一对计算机进行通信，因此共享式以太网只适用于节点数目比较少的网络，而当计算机节点数目较多时，会导致网络发生拥塞，性能将急剧下降。

2. 交换式以太网

交换式以太网的拓扑结构为星型，以以太网交换机(Switcher)为中心设备，其他节点通过网卡和传输介质连接到交换机上，如图 4-11 所示。

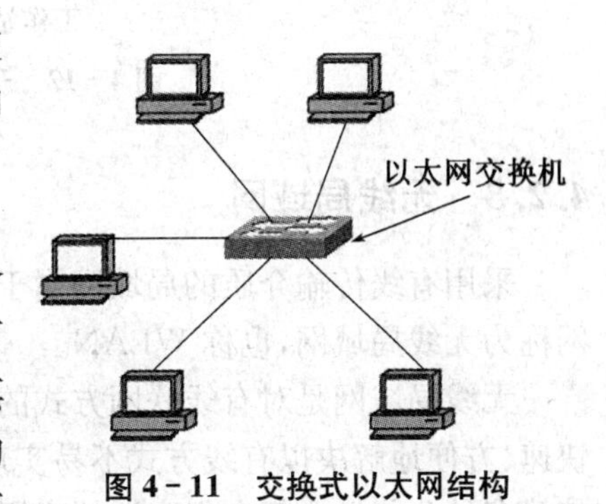

图 4-11　交换式以太网结构

(1) 以太网交换机

交换式以太网中虽然所有节点都连接到一个中心交换机上，但是以太网交换机在接收到每个节点发送的数据帧时，不是采用广播的方式发送给其余所有节点，而是根据数据帧中目的计算机的 MAC 地址，将数据帧发送给指定计算机，其他计算机并不会接收到该数据帧。这种点对点的通信方式大大减轻了网络的负担，同时还可以支持同一时刻多对计算机之间的通信，提高了网络通信效率。

(2) 与共享式以太网的区别

- 数据通信方式。交换式以太网支持同一时刻多对计算机之间的通信，而共享式以太网任何时刻只能有一对计算机进行通信。
- 网络带宽。交换式以太网中连接在交换机上的每一个节点都各自独享网络带宽，即节点的带宽与交换机的总带宽保持一致，而共享式以太网中网络的总带宽由每个节点平分，即共享带宽。

3. 千(万)兆位以太网

作为最新的高速以太网技术，千(万)兆位以太网继承了传统以太网廉价的优点，并给用户带来了提高核心网络性能的有效解决方案。

一般单位或学校内部拥有多个部门，每个部门都拥有一个或多个局域网，往往需要将这些局域网再互相连接起来，构成整个网络。在搭建网络时，可以通过以太网交换机按性

能高低以树状方式来实现这样的结构，如图 4-12 所示。千(万)兆位以太网采用光纤作为传输介质，中央交换机的带宽可以达到每秒千兆、万兆位以上。

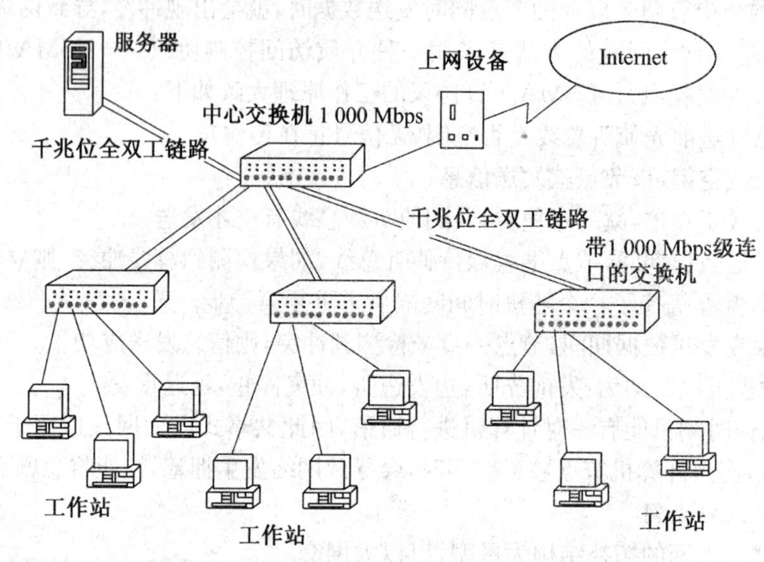

图 4-12　千(万)兆位以太网结构示意图

4.2.3　无线局域网

采用有线传输介质的局域网属于有线局域网，而采用无线电波作为传输介质的局域网称为无线局域网，也称 WLAN。

无线局域网是对有线联网方式的一种补充和扩展，使网上的计算机具有可移动性，能快速、方便地解决以有线方式不易实现的网络联通问题，目前无线局域网在商店、医院、学校等多种公共场合都有很广泛的应用。

无线局域网采用的协议主要是 802.11，即 Wi-Fi。构建无线局域网需要的硬件设备有无线网卡、无线 AP(Access Point，简称 AP)等，其中无线 AP 即无线接入点，它的作用类似于有线网络中的集线器。无线局域网的示意图如图 4-13 所示。

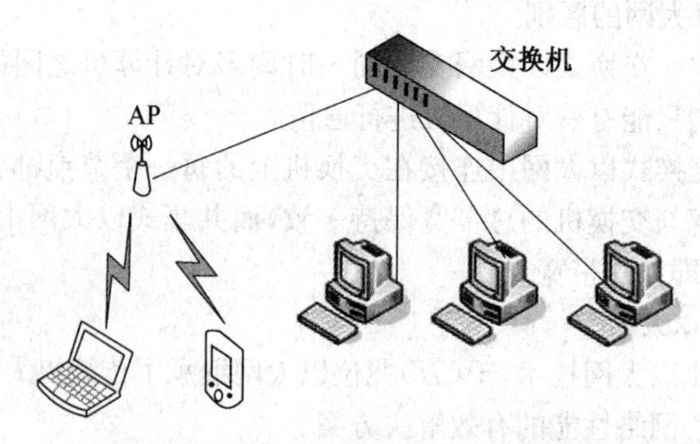

图 4-13　无线局域网示意图

构建无线局域网的另一种技术是"蓝牙"(Bluetooth),它是一种短距离、低速率、低成本的无线通信技术。通过"蓝牙"技术可以构建一个在几米范围内的无线个人区域网络(WPAN)操作空间。

以上介绍了几种常见的局域网,不同类型的局域网其 MAC 地址的格式和数据帧各部分的字节长度等规定各不相同,因此对应的节点网卡类型也不相同。另外,即使是同类型的局域网,采用不同的传输介质,其网卡类型也不一样,例如无线局域网中每个节点需要使用无线网卡,而不能使用有线网络中的网卡。

4.3　Internet 技术

4.3.1　Internet 概述

1. 什么是 Internet

Internet(即因特网)是目前全球规模最大、应用最广泛的互连网络,由全球范围内若干个不同类型的物理网络互连而成,可以为用户提供丰富的信息资源和网络服务。

2. Internet 的发展历史

Internet 最早出现于 1969 年美国国防部高级研究计划局研制的 ARPANET 网络,早期主要用于军事方面。随着 ARPANET 网络规模的不断增长,连接的计算机数目也越来越多,并于 1984 年分解为民用和军用两个网络,其中的民用网络仍称为 ARPANET,军用网络称为 MILNET。后来 ARPANET 与美国国家科学基金会建立的国家科学基金网(NSFNET)合并,改名为 Internet。进入 20 世纪 90 年代后,Internet 的应用范围不断扩大,很多大学、科研机构及公司企业纷纷加入了 Internet,这也加速了 Internet 技术的快速发展。

Intranet 又称为企业内部网,是 Internet 技术在企业内部的应用,是采用 Internet 技术建立的企业内部网络。

3. Internet 在我国的发展

20 世纪 90 年代后,Internet 在我国的发展也很迅猛,我国先后建立了多个与 Internet 相连的全国性网络,典型的代表有:中国教育与科研计算机网络(CERNET)、中国科学技术网(CSTNET)、中国公用计算机互联网(CHINANET)、中国移动互联网(CMNET)、中国网通公用互联网(CNCNET)、中国联通互联网(UNINET)等等。

4.3.2　分组交换和存储转发

在电话通信网络中,通话双方经过拨号接通双方的线路。在此过程中双方之间建立一条物理通路,通话结束后再释放该线路,这种技术称为"电路交换"技术,其特点是在通话过程中用户始终占用端到端的传输信道。

在计算机网络中,连接着许多相互通信的计算机,如果采用电路交换技术是行不通的,这是因为网络中主机传送数据具有突发性,网络线路大部分时间是空闲的,真正用来传输数据的时间不到 10%,甚至更低,同时网络中不同主机设备的传输速率也不一样,如果采用电路交换技术就无法直接进行通信。为了解决这个问题，计算机网络采用“分组交换”技术。

1. 分组交换原理

分组交换技术是计算机网络数据通信中采用的一种交换技术，也称包交换技术。采用分组交换方式进行数据通信时，发送方（源计算机）需要将传输的数据划分为若干份，并给每份数据附加上地址、编号、校验等信息（称为“头部”信息）后组成“分组”（也称“包”），如图 4 - 14 所示，以若干个“包”为单位通过网络线路传输给接收方（目的计算机）。

源计算机地址	目的计算机地址	编号	校验信息	传输的数据块

图 4 - 14　数据包格式

接收方接收到发送方传输过来的若干个包后，依次剥去每个包的头部，然后将其按编号顺序重新合并成原来的数据文件，如图 4 - 15 所示。

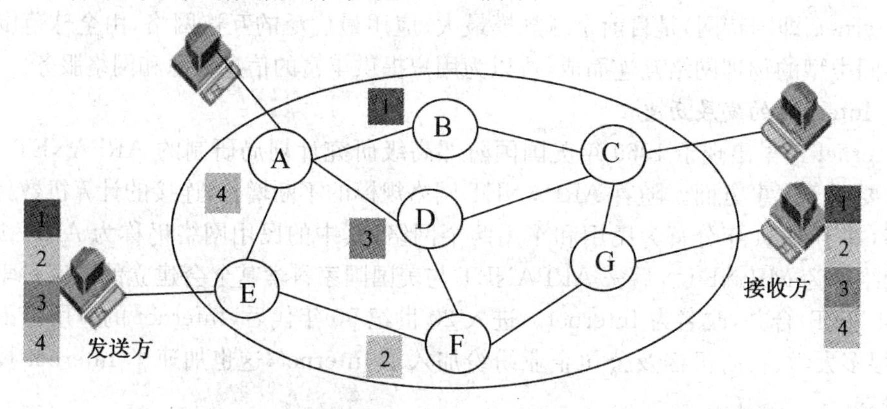

图 4 - 15　分组交换示意图

分组交换技术中通信双方不需要预先建立链接，每个包传输的路径不一定都相同，分组交换网提供的这种服务方式称为“无连接服务”，其特点是通信灵活可靠，线路利用率高，缺点是通信过程中包容易丢失，出现包重复及失序等现象。

2. 分组交换机

分组交换网中实现分组转发的中间节点叫作分组交换机（也称节点交换机），如图 4 - 15 中的 A、B、C、D、E、F、G 节点。

分组交换机的基本工作模式是“存储转发”，当交换机从输入端口接收到一个包后，先将其放入缓冲区中，交换机根据数据包中接收方的地址和该交换机中存储的转发表，找出该数据包该从哪个输出端口发送出去，如图 4 - 16 所示。通常会有多个包需要从同一输出端口转发出去，因此分组交换机的每个输出端口都会有一个输出缓冲区，数据包存放在对应输出端口的缓冲区中排队等待输出，这种技术称为存储转发技术。

3. 分组交换技术的应用

分组交换技术在计算机网络中被广泛使用。在我国公用数据网建设中都采用了分组交换技术，如低速的 X.25 网、中速的帧中继（FR）网、高速的 ATM 网等。在局域网中也

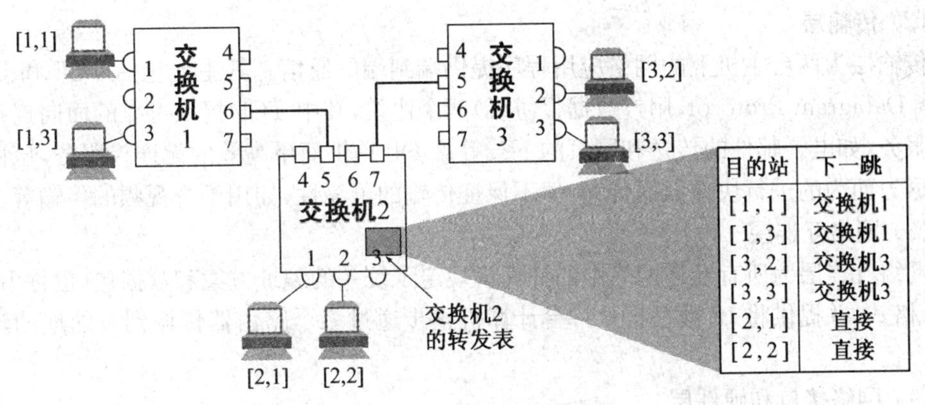

图 4 - 16　分组交换机示意图

采用分组交换技术，不过由于局域网与广域网在拓扑结构等方面有差别，因此在分组交换技术中数据包（帧）的格式也不相同。

4.3.3　TCP/IP 协议

Internet 是由很多不同类型的物理网络连接在一起组成的互连网络，它们各自的操作系统、通信方式、拓扑结构各不相同，为了实现不同网络之间的互相通信，必须拥有一套共同遵守的规则或约定，即网络通信协议。

著名的网络通信协议有两种：开放系统互连参考模型（OSI/RM）和传输控制/网际协议（TCP/IP）。OSI/RM 协议是由国际标准化组织（ISO）提出的，它将网络分为 7 层：应用层、表示层、会话层、传输层、网络层、数据链路层、物理层。OSI/RM 协议虽然概念清楚，但是运行效率较低，没有得到市场的认可。Internet 采用的网络协议是效率较高的 TCP/IP 协议。

1. TCP/IP 协议的组成

TCP/IP 协议将网络分为应用层、传输层、网络互连层和网络接口层这四层，它与 OSI/RM 分层结构有一定的对应关系，如图 4 - 17 所示。TCP/IP 协议中每层都包含很多协议，整个 TCP/IP 协议簇约包含 100 多个协议，其中传输控制协议（Transmission Control Protocol，简称 TCP）和网络互连协议（Internet Protocol，简称 IP）是其中最重要、最基本的两个协议，所以采用 TCP/IP 来表示整个协议簇。

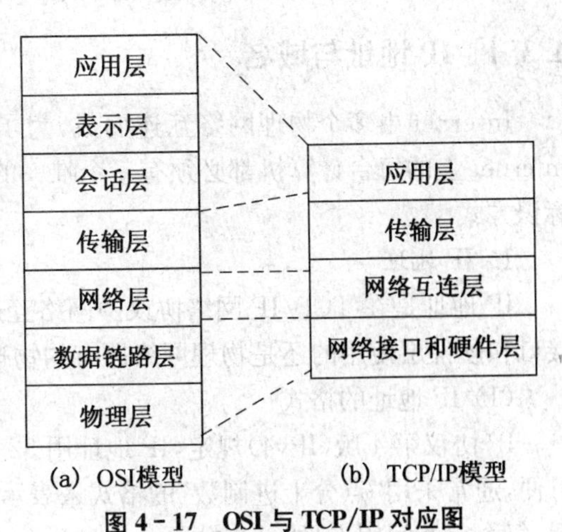

图 4 - 17　OSI 与 TCP/IP 对应图

（1）应用层

应用层是 TCP/IP 协议的最高层，为用户提供各种网络应用程序和应用层协议。不同的网络应用程序需要不同的协议，如电子邮件传输需使用 SMTP 协议，Web 浏览器请求及传送网页需使用 HTTP 协议，文件传输采用 FTP 协议等。

(2) 传输层

传输层为两台主机上的网络应用程序提供端到端的通信。其主要包括 TCP 和 UDP (User Datagram Protocol,用户数据报协议)两个协议,其中 TCP 提供可靠的面向连接的传输服务,如电子邮件的传送和网页的下载等;UDP 提供简单高效的无连接服务,该协议只是尽力而为的进行快速数据传输,但不保证传输的可靠性,如用于音视频的传输等。

(3) 网络互连层

网络互连层为所有互连网络中的计算机规定了统一的编址方案和数据包(也称 IP 数据报)格式,并提供将 IP 数据报从一台计算机逐步通过多个路由器传输到目的地的转发机制。

(4) 网络接口和硬件层

网络接口和硬件层提供与物理网络的接口方法和规范,并负责把 IP 数据报转换成适合在特定物理网络中传输的帧格式,可以支持各种采用不同拓扑结构和不同介质的底层物理网络,如以太网、FDDI 网、ATM 广域网等。

2. TCP/IP 协议的特点

- 适用于多种异构网络的互连。底层网络使用的帧或包格式、地址格式等存在很大差别,但通过 IP 协议可以将它们统一起来,使上层协议可以忽略不同物理网络的帧差异,从而实现异种网络的互连。
- 确保可靠的端-端通信。TCP 协议是确保可靠通信的机制,可以解决数据报丢失、重复、损坏等异常情况,是一种可靠的端-端通信协议。
- 与操作系统紧密结合。目前流行的操作系统,如 Windows、UNIX、Linux 等,都已将遵循 TCP/IP 协议的通信软件作为其内核的重要组成部分。
- TCP/IP 既支持面向连接服务,也支持无连接服务,有利于在计算机网络上实现基于音视频通信的多媒体应用服务。

4.3.4 IP 地址与域名

Internet 由多个物理网络互连而成,为了实现网上计算机之间的相互通信,连接在 Internet 上的每台计算机都必须有一个唯一的地址标识,目前主要有 IP 地址和域名两种标识方式。

1. IP 地址

IP 地址是在 TCP/IP 网络协议中网络互连层以上使用的计算机地址,而下面的网络接口和硬件层使用的还是物理网络原有的物理地址。

(1) IP 地址的格式

IP 协议第 4 版(IPv4)规定,IP 地址用 32 个二进制位,即 4 个字节来表示。为了表示方便,通常采用“点分十进制数”的格式来表示,即将每个字节用其等值的十进制数字来表示,每个字节间用点号“.”来分隔。

例如,IP 地址 11010010 00001111 00000010 01111011,可以表示为 210.15.2.123。

(2) IP 地址的分类

由于 Internet 互连网络中各种物理网络的类型和规模不同,Internet 管理委员会按照网络规模的大小将 IP 地址分为五种类型，分别为 A、B、C、D、E 类，格式如图 4－18 所示。其中，A 类地址的第一位为 0，B 类地址的前两位为 10，C 类地址的前三位为 110，D 类地址的前四位为 1110，E 类地址的前五位为 11110。

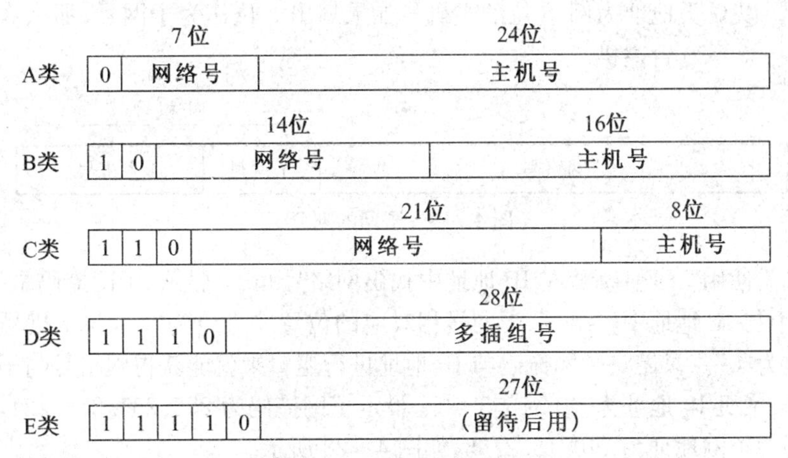

图 4－18　IP 地址分类

IP 地址中包含网络号和主机号两个内容，网络号用来标识 Internet 上的一个物理网络的编号，主机号用来标识主机在该物理网络中的编号。

常用的 IP 地址是 A、B、C 三类，用于不同规模的物理网络，D 类为组播(多播)地址，E 类地址保留给将来使用。其中，A 类地址一般分配给具有大量主机的大型网络使用，B 类地址通常分配给规模中等的网络使用，C 类地址通常分配给规模较小的局域网使用。表 4－1 是 A、B、C 三类 IP 地址的范围。

表 4－1　IP 地址范围

类型	网络数目	主机数目	第一个字节的数字范围
A	$2^7-2=126$	$2^{24}-2$	1～126
B	2^{14}	$2^{16}-2$	128～191
C	2^{21}	2^8-2	192～223

这里对表 4－1 有几点需要说明的地方，以 A 类 IP 地址为例。A 类 IP 地址的网络号长度为 7 位，网络数目应该有 $2^7=128$ 个，因为全为 0 的网络号一般不用，全为 1 的网络号(即 127)作为网络测试的地址，所以 A 类 IP 地址的网络数目为 126 个。A 类 IP 地址的主机号长度为 24 位，每个网络可以有 $2^{24}-2$ 台主机，减去的两个主机号分别为全 0 和全 1，这两个主机号不能用于普通地址。

主机号全 0 的 IP 地址称为网络地址，用来表示整个物理网络；主机号全 1 的 IP 地址称为直接广播地址，如一个 IP 包中的目的地址是某个物理网络的直接广播地址时，这个 IP 包将被送达到该网络中的每一台主机。

(2) 子网

随着计算机网络的应用普及，小型网络的数量越来越多，这些网络所包含的主机数目较少，一般只有几十台甚至几台主机。如果对这些规模较小的网络也分配一个 A、B、C 类 IP 地址，那么会出现很多地址的浪费，解决这个问题的方法是采用“子网”的概念。

子网就是把标准 IP 地址中的主机号部分划分出“子网号”和“主机号”两个部分，如图 4－19 所示。以 C 类地址为例，8 位的主机号如果划出 3 位作为子网号，那么 3 个子网分别可容纳 $2^5-2=30$ 台主机。

图 4－19　子网的划分

计算机需使用“子网掩码”在 IP 地址中找出网络号和子网号。子网掩码是一个 32 位的代码，其中与 IP 地址中网络号、子网号相对应的位置二进位为“1”，与主机号相对应的位置二进位为“0”。只需将子网掩码与 IP 地址进行逻辑乘就能获得网络号与子网号。

例如，某主机 IP 地址为 210.15.2.123，设定子网掩码为 255.255.255.224，通过逻辑乘计算得到的子网地址为 210.15.2.96，如图 4－20 所示。

主机 IP 地址：210.15.2.123　　二进制形式：11010010.00001111.00000010.01111011

子网掩码：255.255.255.224　　二进制形式：11111111.11111111.11111111.11100000

AND

子网地址：　11010010.00001111.00000010.01100000

图 4－20　通过子网掩码计算子网地址

(3) 路由器的 IP 地址

路由器(Router)属于网络互连设备，作用是将异构网络连接起来，将 IP 包按主机的 IP 地址进行转发，屏蔽不同网络之间的技术差异，将 IP 包正确送达目的主机，实现不同物理网络之间的无缝连接，如图 4－21 所示。路由器中包含路由表，在接收到 IP 包后，路由器按照路由表给出的路由将数据包转发到下一站。

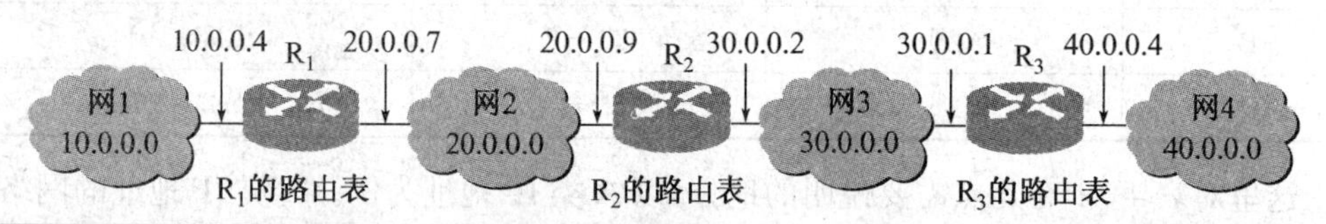

R_1的路由表

目的主机的网络号	下一站路由器	距离
10	—	0
20	—	0
30	20.0.0.9	1
40	20.0.0.9	2

R_2的路由表

目的主机的网络号	下一站路由器	距离
20	—	0
30	—	0
10	20.0.0.7	1
40	30.0.0.1	1

R_3的路由表

目的主机的网络号	下一站路由器	距离
30	—	0
40	—	0
10	30.0.0.2	2
20	30.0.0.2	1

图 4－21　路由器工作示意图

作为网络互连设备，连接各个网络的路由器也需要分配 IP 地址，而且至少应分配两个以上的 IP 地址，每个端口 IP 地址的类型号和网络号分别与所连的网络相同。

(4) IPv6——新一代 IP 地址

目前，IPv4 协议理论上约有 43 亿个地址，但是随着 Internet 的发展壮大，IPv4 在网络传输速度、服务质量、灵活性、安全性等方面，已越来越不能满足实际应用的需要。解决这一问题的方法是使用下一代 IP 协议——IPv6，它采用 128 位 IP 编址方案，扩大了寻址空间。

IPv6 正处在不断发展和完善的过程中，在不久的将来将取代目前被广泛使用的 IPv4。

2. 域名

(1) 域名

IP 地址由 4 个十进制数字表示，难以理解和记忆，因此，Internet 提供了一种字符型的主机命名机制——域名系统(Domain Name System，简称 DNS)，即使用具有特定含义的符号来表示 Internet 中的每一台主机，该符号名就称为这台主机的域名。

(2) 域名的优点

域名一般由一些有意义的符号组成，便于理解和记忆。用户如需访问某台主机，只需知道目标主机的域名就可以访问，而无须关心目标主机的 IP 地址。例如，www. baidu. com 是百度网站的 WWW 服务器主机域名，其对应的 IP 地址为 202. 108. 22. 5，Internet 用户通过域名 www. baidu. com 就可以访问到该服务器。

在 Internet 中，主机的域名与其各自的 IP 地址相对应，同时域名和 IP 地址都具有唯一性，不能出现重复。Internet 中允许某台主机拥有多个域名，这些域名都对应这台主机唯一的 IP 地址，用户可以通过其中一个域名访问这台主机，也可以直接通过 IP 地址访问。

(3) 域名的组成

为了避免主机的域名重复，Internet 采用层次结构的命名机制，将整个网络的名字空间分成若干个域，每个域又划分成许多子域，以此类推，形成一个树形结构，如图 4 - 22 所示。

所有入网主机的名字由一系列的域和子域组成，各个子域之间用“. ”分隔，主机域名所包含的子域数目通常不超过 5 个，并且由左至右级别逐级升高，即

……. 三级域名. 二级域名. 顶级域名

一般计算机域名表示为：

主机名. 单位名. 机构名. 顶级域名

例如：www. nju. edu. cn 表示中国(cn)、教育机构(edu)、南京大学(nju)的 Web 服务器主机名。

为保证域名系统的标准化和通用性，顶级域名由 Internet 专门机构负责命名和管理，通常按照组织机构类别和地域(国家)来划分，详细内容见表 4 - 2。

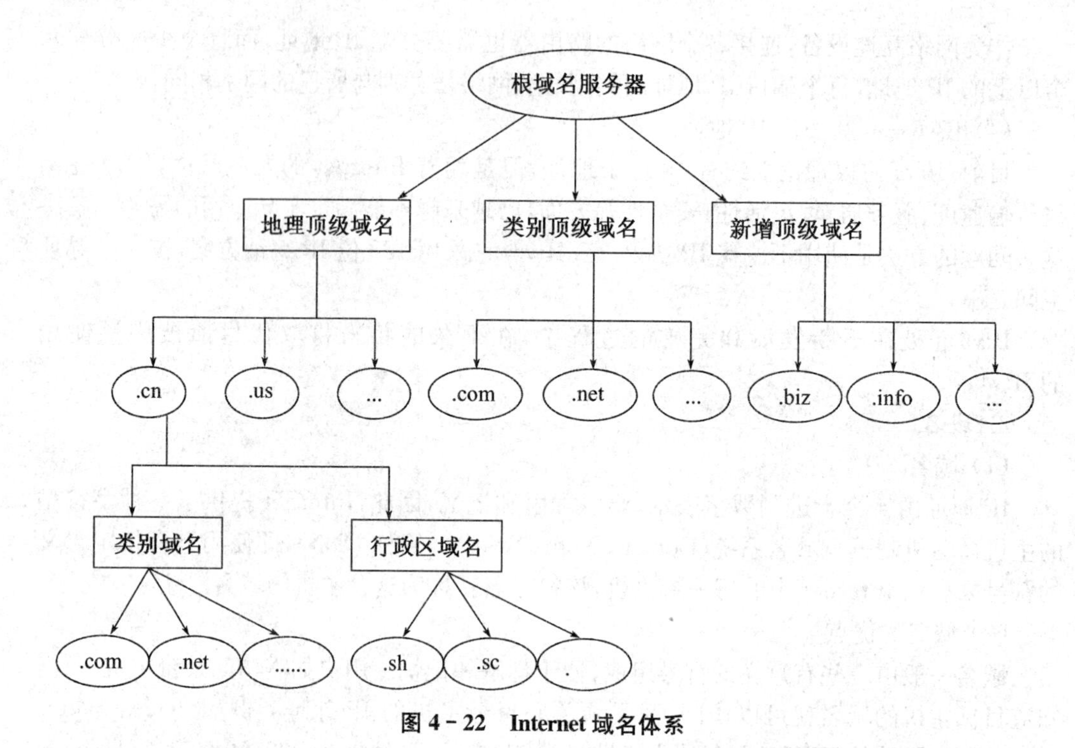

图 4-22 Internet 域名体系

表 4-2 顶级域名含义

顶级域名类型	域 名	含 义
组织机构	com	商业公司
	gov	政府部门
	org	非营利组织
	int	国际化机构
	edu	教育机构
	net	网络服务机构
	mil	军事机构
地域(国家)	cn	代表中国
	hk	代表香港
	us	代表美国(可省略)
	uk	代表英国
	jp	代表日本

(4) 域名服务器

在网络通信中,主机之间仍然使用 IP 地址。将域名转换为对应 IP 地址的过程称为域名解析,是由专门的计算机——域名服务器(Domain Name Server,简称 DNS)负责完成的。

一般来说，每一个网络中均要设置一个域名服务器。在该服务器的数据库中存放所在网络中所有主机的域名与 IP 地址的对照表，以实现该网络中主机域名和 IP 地址的转换。

4.3.5　Internet 接入

由于 Internet 资源丰富，功能强大，用户数目逐渐增多，大量家庭个人计算机用户都需要接入 Internet，目前接入 Internet 的方法很多，用户可以根据自己实际情况选择。

1. 电话拨号接入

家庭个人用户上网最简便的接入方法是利用本地电话网。

(1) 接入方式

采用这种方式接入 Internet 需要一台计算机、一个调制解调器(Modem)、一条电话线、相关通信拨号软件，同时向 ISP(Internet 服务提供商)申请一个账号，安装设置成功后，就可以通过普通电话拨号的方式实现拨号上网，与 Internet 连接，如图 4-23 所示。

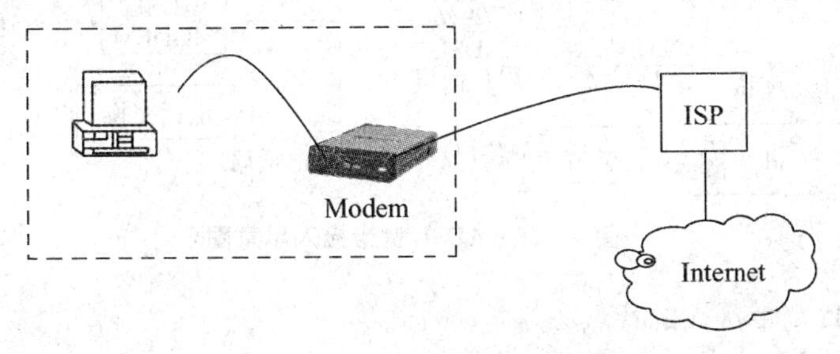

图 4-23　电话拨号接入示意图

(2) Modem

Modem 的作用是把计算机送出的数字信号调制成适合在电话用户线上传输的模拟信号形式，同时把通过电话线传输过来的模拟信号解调恢复成数字信号传输给计算机。

(3) 电话拨号接入的特点

电话拨号上网方式虽然比较简便，但是也有很大的缺陷，主要是传输速率较慢。目前 Modem 主流产品的传输速率为 56kbps，在实际使用中，往往只有 40kbps 左右甚至更低。另一方面，由于在上网时占用了电话线，用户就无法同时使用该电话线接听或拨打电话。

2. ADSL 宽带接入

ADSL 称为不对称数字用户线，是一种新型的宽带接入技术，目前家庭用户接入 Internet 的主要方式之一是使用 ADSL 宽带接入。

(1) 接入方式

ADSL 通过频分复用技术，将普通电话线路划分为三个不重叠的信道，分别传输语音、上行数据、下行数据三路信号，其中上行和下行两个通道的传输速率是不对称的，上行通道负责将用户端数据传送至网络，速率一般为 64～256 kbps，属于低速传输；下行通道负责将网络数据传送至用户计算机，速率一般为 1～2 Mbps，最高可达 8 Mbps，属于高速传输，如图 4-24 所示。

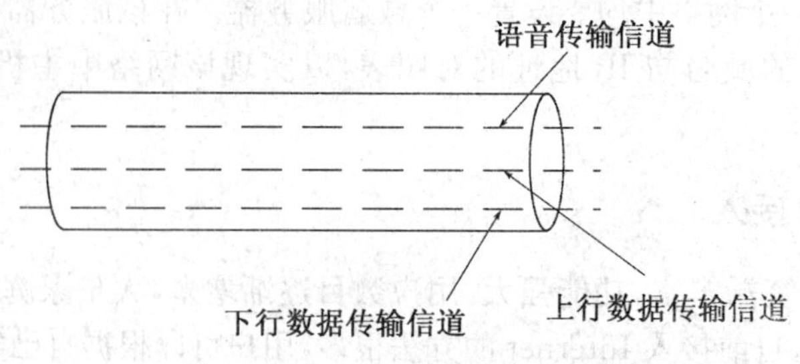

图 4-24 ADSL 的信道复用技术

用户在安装 ADSL 时,接入形式与电话拨号接入方式相似,仍然利用普通电话线作为传输介质,但需在普通电话线的用户端处安装 ADSL Modem,同时在计算机中安装网卡,并用双绞线连接 ADSL Modem 和网卡,然后进行相关软件设置即可,如图 4-25 所示。

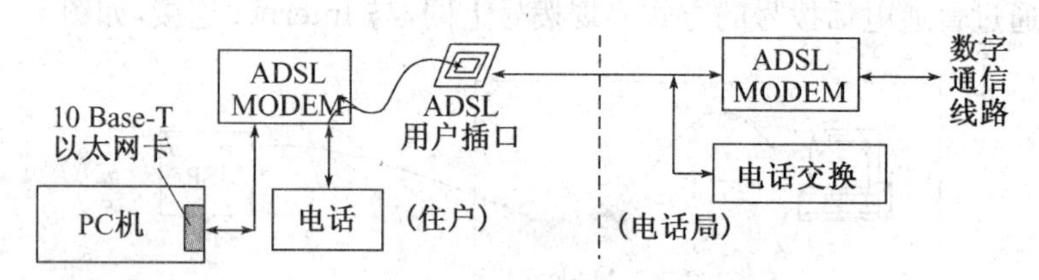

图 4-25 ADSL 宽带接入示意图

(2) ADSL 宽带接入的特点

- 一条电话线上可以同时上网和接通电话,互不影响;
- 根据线路情况自动调整数据传输速率,可以提供较高的上网速率。

3. Cable Modem 接入

Cable Modem(电缆调制解调器)接入是一种通过有线电视网进行高速数据接入的技术。Cable Modem 的原理与 ADSL 相似,将有线电视系统使用的同轴电缆的整个频带划分为三个部分,分别用于传输电视信号、上传数据和下传数据,其中数据上传使用的频带为5 MHz~42 MHz,电视信号使用的频带为 50 MHz~550 MHz,数据下传使用的频带为 550 MHz~750 MHz,这样可以实现上网的同时也能收看电视节目。

Cable Modem 接入技术的优点很多,如联网的成本低廉,无须拨号上网,不占用电话线,可永久连接;同时 Cable Modem 接入技术也有不足之处,如每个用户的加入都会占用一定的频带资源,当同时上网的用户数目较多时,每个用户得到的有效带宽将会显著下降。

除了上面介绍的几种方式以外,还有一些其他接入方式,如 ISDN(综合业务数字网)、FR(帧中继)等。

4. 光纤接入

光纤接入使用光纤作为主要传输介质接入因特网。根据光纤深入用户群的程度,可将光纤接入网分为 FTTC(光纤到路边)、FTTZ(光纤到小区)、FTTB(光纤到大楼)、FTTO(光纤到办公室)和 FTTH(光纤到户),它们统称为 FTTx。

光纤接入能够确保向用户提供 10 Mbps,100 Mbps,1 000 Mbps 的高速带宽,可直接汇接到 CHINANET 骨干结点,主要适用于商业集团用户和智能化小区局域网的高速接入 Internet。

光纤接入的方式有多种,目前我国采用"光纤到楼、以太网入户"(FTTx+ETTH)的做法,通过使用 1 000 Mbps 光纤以太网实现 1 000 M/100 M 以太网到大楼和小区,再通过 100M 以太网到楼层或小型楼宇,然后以 10M 以太网入户或者到办公室和桌面。

4.4　Internet 应用

Internet 上提供丰富的信息资源和网络服务,常用的网络服务有 WWW 信息服务、电子邮件、文件传输、远程登录等。随着 Internet 的迅速发展,还将出现更多新的服务。

4.4.1　WWW 浏览

WWW(World Wide Web),中文含义为全球信息网,也称为万维网、3W 网等,作为目前 Internet 上最为广泛使用的服务之一,它是集文本、声音、图像、视频等多媒体信息于一身的全球信息资源网络。WWW 使用网页(Web Page)形式来展示信息资源,以超文本传输协议(HTTP)为基础,并采用客户机/服务器(C/S)的工作模式。

用户通过客户机的浏览器(Browser)来访问存放 WWW 信息资源的 Web 服务器,其中超文本传输协议用于实现浏览器与 Web 服务器之间网页文档的传送,如图 4-26 所示。这种工作方式称为浏览器/服务器(B/S)模式,是客户机/服务器模式的一种应用。

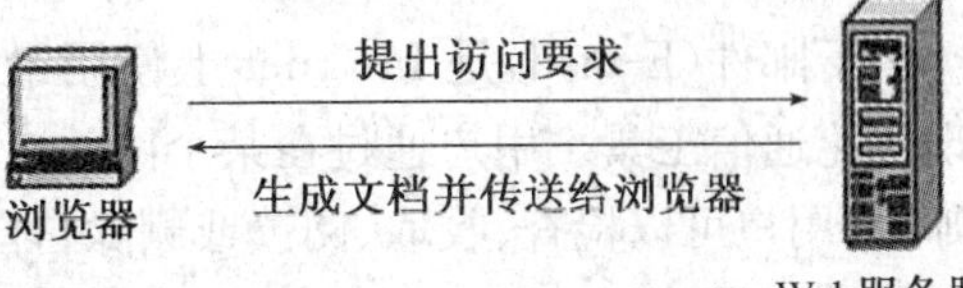

图 4-26　浏览器访问 Web 服务器

1. **网页**

用户通过浏览器看到的信息形式称为网页,网页是一种用超文本标记语言(HTML)编写的超文本文件,不仅含有文本信息,同时还包含指向其他超文本的链接,即超链接。以下是一个简单网页的 HTML 文件内容。

```
<HTML>
    <HEAD>
        <TITLE>
            示例网页
        </TITLE>
    </HEAD>
    <BODY>
        <a href="ttp://www.baidu.com">百度搜索</a>
    </BODY>
</HTML>
```

用户通过访问超文本，可以方便快捷地从一个网页链接到其他相关内容的网页上。超媒体是超文本的扩展，它包括图形、声音、图像、视频等多媒体信息。

2. 网站

一般一个网站由许多网页组成，进入网站首先看到的起始页称为主页(homepage)，通过主页上提供的超链接可以访问网站内其他网页。

3. 统一资源定位器 URL

统一资源定位器 URL 也称网址，用来标识 WWW 中信息资源的位置，用户通过在浏览器中输入 URL 来访问 Web 服务器上的网页。

URL 的表示形式为：

http://主机域名或 IP 地址[:端口号]/文件路径/文件名

http 表示采用 HTTP 传输协议进行通信；主机域名(或 IP 地址)是要访问的 Web 服务器的域名(或 IP 地址)；端口号是服务器提供服务的端口，Web 服务器使用默认端口是 80，一般可以省略；"/文件路径/文件名"是网页在 Web 服务器中的位置和文件名，缺省时默认文件名为 index. html 或 default. html，即网站的主页。例如，http://www. sina. com. cn 即为新浪网 Web 服务器上的主页。

4.4.2 电子邮件

电子邮件(E-mail)是 Internet 上使用最广泛的服务之一，是 Internet 用户进行联系的现代化通信工具。用户通过在某个网站申请开户，注册成功后，拥有一个属于自己的电子邮箱，用户可以检查、收取、阅读或删除自己邮箱中的邮件。

1. 电子邮箱地址

每个电子邮箱都必须有一个唯一的 E-Mail 地址，该地址由两部分组成，格式如下：

邮箱名@邮箱所在的邮件服务器的域名

发送邮件时，按邮箱所在的邮件服务器的域名将邮件送达相应的接收端邮件服务器，再按照邮箱名将邮件存入该收信人的电子邮箱中。例如，邮箱地址 cheng@163. com，表示收信人的邮箱名为 cheng，邮箱所在的邮件服务器域名为 163. com。

2. 电子邮件组成

电子邮件一般由三个部分组成，即邮件的头部、正文、附件。邮件头部包括发送方地址、接收方地址、抄送方地址、邮件主题等信息；邮件正文即信件的内容；邮件可以通过插入附件的形式来包含其他文件信息，文件类型可以是图像、语音、视频、文本等多种类型。

3. 电子邮件工作过程

电子邮件系统采用客户机/服务器的工作模式，主要包括邮件客户端、邮件服务器和电子邮件协议三部分。

用户通过安装在自己计算机中的邮件客户端软件(如微软公司的 Outlook Express)，进行邮件的管理、编写、阅读以及发送和接收邮件等。

邮件服务器是 Internet 上安装了邮件服务器软件并拥有邮件存储空间的专用计算机，具有接收、发送电子邮件的功能。邮件服务器一直运行邮件服务器程序，一方面执行简单邮件传输协议(SMTP)，检查有无邮件需要发送和接收，负责把要发送出去的邮件传

送出去，把收到的邮件放入收信人邮箱；另一方面还执行邮局协议(POP3)，判断是否有用户需要取信，鉴别取信人的身份后，将收信人邮箱中的邮件发送至收信人客户端。

发信人的电子邮件客户端软件按照简单邮件传输协议(SMTP)，将邮件发送至该用户邮箱所在的邮件服务器发送队列中；而收信人计算机上运行的电子邮件客户端软件按照邮局协议(POP3)向收信人的邮件服务器提出收信请求，只要该用户输入的身份信息正确，就可以从自己的邮箱中取回邮件。

邮件发送与接收的工作过程如图 4－27 所示。

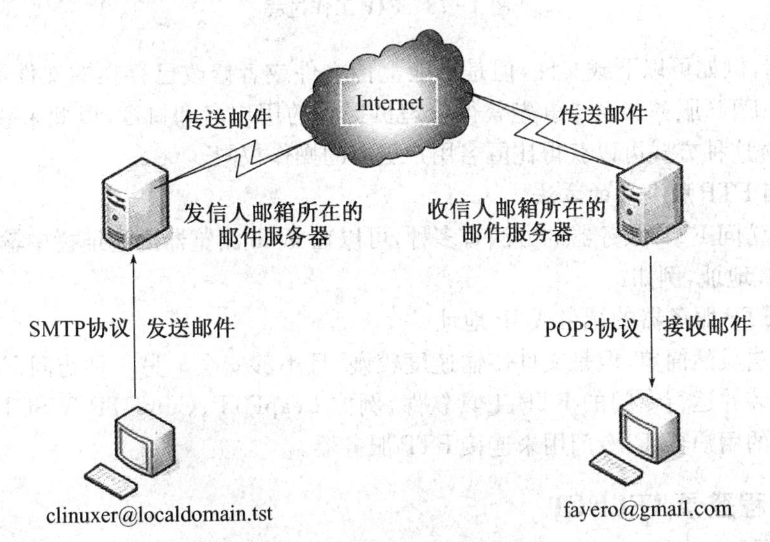

图 4－27　邮件收发的工作过程

4.4.3　远程文件传输

远程文件传输(简称 FTP)是指将网络中一台计算机上的文件传送至另外一台计算机。FTP 是 Internet 提供的基本服务之一，采用的网络协议是 FTP 协议。

1. FTP 的功能

用户可以使用 FTP 服务完成文件的上传与下载，上传是将自己计算机上的文件复制传输到另一台计算机(远程服务器)上，而下载是指将另一台计算机(远程服务器)中的文件复制下载到自己的计算机中。用户还可以通过 FTP 服务对本地计算机和远程服务器上的文件目录进行操作与修改，如新建目录、删除文件、修改文件名等。

2. FTP 工作过程

FTP 采用客户机/服务器的工作模式，主要包括 FTP 客户机、FTP 服务器和 FTP 协议，工作过程如图 4－28 所示。

运行 FTP 客户程序的计算机称为 FTP 客户机，用户可以在 FTP 客户机上申请 FTP 服务，一般安装了 TCP/IP 协议软件的计算机就包含了 FTP 客户程序。

FTP 服务器通过运行 FTP 服务程序来提供 FTP 服务。FTP 服务器可分为匿名 FTP 服务器和非匿名 FTP 服务器两种类型。任何用户都可以使用“anonymous”(匿名)作为用户名来访问匿名 FTP 服务器，通常这些匿名用户只能拥有有限的权限去访问

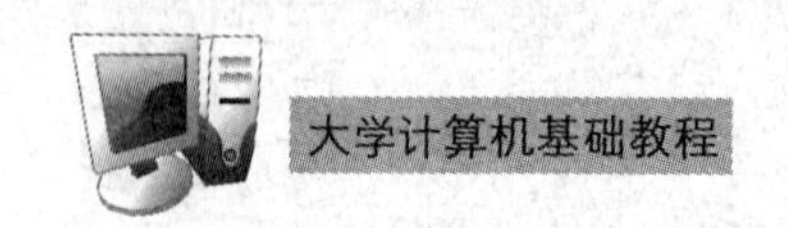

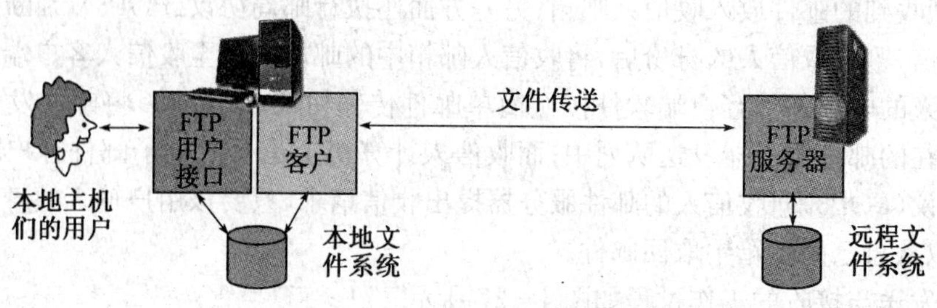

图 4-28　FTP 工作过程

FTP 服务器，例如可以下载文件，但是不能上传文件或者修改已存在的文件等。而用户访问非匿名 FTP 服务器需要事先获得管理员提供的用户名和口令，以此来登录该 FTP 服务器，通过这种方式可以获得比匿名用户更多的操作权限。

3. **访问 FTP 服务器的方法**

客户机访问 FTP 服务器的方法有多种，可以在 Web 浏览器的地址栏中输入 FTP 服务器的 URL 地址，例如：

ftp://FTP 服务器的域名或 IP 地址

这种方法虽然简单，但是文件传输速度较慢，且不够安全。另一种访问 FTP 服务器的方法是安装并运行专门的 FTP 工具软件，例如 LeapFTP、CuteFTP、WSFTP 等，它们提供图形化的用户界面，专门用来连接 FTP 服务器。

4.4.4　远程登录 TELNET

在 Internet 中，用户可以把自己的计算机当作一台显示终端，通过 Internet 连接某台远程计算机，并作为该远程计算机的用户来操作该远程计算机，访问其硬件和软件资源，这种服务称为远程登录(TELNET)服务。

TELNET 采用客户机/服务器的工作模式，主要包括 TELNET 客户机、TELNET 服务器和 TELNET 协议。一般安装了 TCP/IP 协议软件的计算机就包含了 TELNET 客户程序，作为 TELNET 客户机，用户可以在浏览器地址栏中输入 telnet://TELNET 服务器的域名或 IP 地址，只要该用户是合法用户，就可以访问指定的远程 TELNET 服务器。

4.5　网络信息安全

随着计算机技术的发展，信息在传输与处理过程中容易受到多种威胁，因此信息安全问题非常突出，已成为影响科学发展、国家利益、社会稳定的重大问题。

4.5.1　信息安全概述

信息安全是指对信息资源实施有效保护，防止信息资源被泄漏、修改及破坏。

常见的信息安全威胁有传输中断、窃听信息、篡改信息、伪造信息等。其中，传输中断会影响数据的可用性，窃听信息会危及数据的机密性，篡改信息会破坏数据的完整性，伪造信息会失去数据的真实性。

为了保证网络信息安全，需要根据信息的价值制定全方位的安全策略，保证数据在存储、传输和处理等各个环节的信息安全，同时还要考虑实施安全措施的成本，在安全性和实用性上采取折中的选择。

在安全策略中主要考虑的措施有：身份鉴别、访问控制、数据加密、数据完整性、数据可用性、防止否认、审计管理等。其中，数据完整性是保护数据不被非法修改，保证数据在传送前后一致；数据可用性是保护数据在任何情况下不会丢失；防止否认是指接收方要发送方承认信息是他发出，同时发送方要求接收方不否认已经收到信息；审计管理是用来监督网络用户的活动，记录用户的操作等。

4.5.2 信息安全技术

1. 身份鉴别

身份鉴别也称身份认证，是在计算机网络中确认操作者身份的过程。计算机网络世界中一切信息包括用户的身份信息都是用一组特定的数据来表示的，计算机只能识别用户的数字身份，所有对用户的授权也是针对用户数字身份的授权。通过身份认证，可以保证以数字身份进行操作的操作者就是这个数字身份合法拥有者，即操作者的物理身份与数字身份相对应。作为保护网络信息安全的第一道关口，身份鉴别有着举足轻重的作用。

常用的身份鉴别方法可以分为三类：

(1) 根据你所知道的信息来证明你的身份(what you know，你知道什么)，例如口令、私有密钥等；

(2) 根据你所拥有的东西来证明你的身份(what you have，你有什么)，例如IC卡、U盾等；

(3) 直接根据独一无二的身体特征来证明你的身份(who are you，你是谁)，例如指纹、面貌、人眼虹膜、声音等。

在安全性要求较高的领域，为了达到更高的身份鉴别安全性，可以将以上几种方法结合起来，实现双因素认证。

2. 访问控制

身份鉴别是访问控制的基础。身份鉴别后，合法用户被允许访问网络信息资源，同时，访问控制技术按用户身份及其所归属的某预定义组来限制用户对某些信息的访问，或限制其对某些控制功能的使用。访问控制通常用于系统管理员控制用户对服务器、目录、文件等网络资源的访问。

访问控制的主要功能就是允许合法用户访问受保护的网络信息资源，同时防止合法的用户对受保护的信息资源进行非授权的访问。

3. 数据加密

为了保证数据传输的安全，同时考虑即使在信息被窃听的情况下信息内容也不泄漏，必须对网络传输的数据加密，这是目前信息保护最可靠的办法。

数据加密是指通过加密算法和加密密钥将明文转变为密文，而解密则是通过解密算法和解密密钥将密文恢复为明文。通过数据加密技术可以实现网络信息隐蔽，从而起到保护信息安全的作用。

例如，有一段明文内容为：

Let us meet at five pm at old place

假定加密算法是将每个英文字母替换为在字母表排列中其后的第 3 个字母，加密密钥 Key 为 3，得到的密文内容为：

Ohw rv phhw dw ilyh sp dw rog sodfh

接收方接收到这段密文后，只要事先知道密钥 Key 为 3，就可以将密文还原为明文。

上例中的加密算法很简单，安全性很低。在实际使用中，数据加密技术分为对称加密技术和非对称加密技术。

对称加密采用了对称密码编码技术，它的特点是文件加密和解密使用相同的密钥，即加密密钥也可以用作解密密钥，这种方法在密码学中叫作对称加密算法。对称加密技术使用起来简单快捷，密钥较短，且破译困难。AES（高级加密标准）和 IDEA（欧洲数据加密标准）都是著名的对称加密系统。对称加密系统的缺点是密钥的管理和分发复杂，在有 n 个用户的网络中，需要管理 $n(n-1)/2$ 个密钥，随着 n 规模的增加，密钥的管理就成了很大的问题。

非对称加密技术也称公共密钥加密技术。与对称加密算法不同，非对称加密算法需要两个密钥：公开密钥（publickey）和私有密钥（privatekey）。公开密钥与私有密钥是一对，如果用公开密钥对数据进行加密，只有用对应的私有密钥才能解密；如果用私有密钥对数据进行加密，那么只有用对应的公开密钥才能解密。因为加密和解密使用的是两个不同的密钥，所以这种算法叫作非对称加密算法。RSA 系统是当前使用最多的公共密钥加密系统。公共密钥加密系统的密钥分配和管理比对称密钥加密系统简单，对于有 n 个用户的网络，只需要 n 个公开密钥和 n 个私有密钥，即共 $2n$ 个密钥。虽然公共密钥加密系统安全性更高，不过并不能完全取代对称密钥加密系统，因为公共密钥加密系统的计算非常复杂，速度远赶不上对称密钥加密系统。

4. 防火墙

网络中的防火墙是为防止网络外部的恶意攻击对网络内部造成不良影响而设置的安全防护设施。防火墙是一种访问控制技术，位于内网和外部不安全网络之间，两个网络之间的通信信息都要经过防火墙。防火墙根据本地安全策略对经过它的信息进行扫描，防止对重要信息资源的非法存取和访问，只允许符合本地安全策略授权的信息通过，从而达到保护内网安全的目的。防火墙示意如图 4－29 所示。

防火墙有多种不同的类型，可以是一种软件、硬件或软硬件设备的组合。

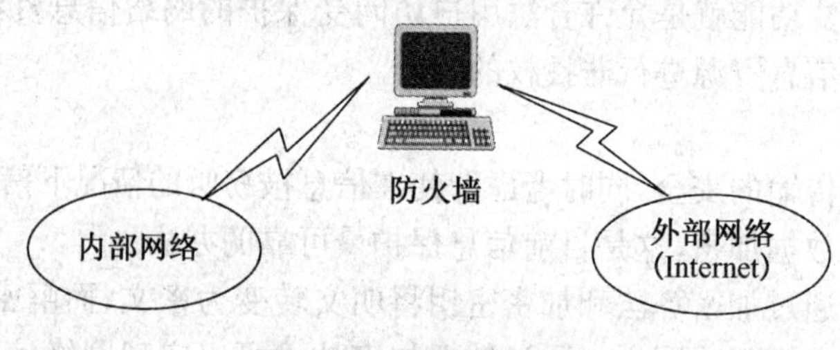

图 4－29　防火墙示意图

4.5.3 计算机病毒及防范

计算机病毒是一段计算机程序代码，嵌入在正常的计算机程序中，具有寄生性和自我复制性，能够破坏计算机功能，影响计算机正常使用。计算机病毒的主要特征有：

- 隐蔽性
- 传染性和传播性
- 潜伏性
- 破坏性

计算机病毒的危害很大，检测与消除计算机病毒最常用的方法是使用专门的杀毒软件，目前常用的国内杀毒软件有金山毒霸、瑞星、江民、360杀毒等。尽管杀毒软件的版本不断升级，病毒库不断更新，但是杀毒软件的开发与更新总是要稍微滞后于新病毒的出现，所以还是会出现检测不出某些病毒的情况。

为确保计算机系统万无一失，应做好病毒预防工作。例如，不使用来历不明的程序和数据；不轻易打开来历不明的电子邮件；不访问来历不明的网站链接；在计算机上安装杀毒软件，并定时更新病毒库；同时要经常做好系统及关键数据的备份工作。

习　题

一、填空题

1. 网络服务主要有__________服务、打印服务、消息服务和应用服务。

2. 计算机局域网按拓扑结构进行分类，可分为总线型、__________、星型等。

3. 在网络中通常由客户机负责请求服务，而提供服务的计算机称为______________。

4. 网卡物理地址MAC的长度为__________字节，IP地址的长度为__________字节。

5. 若IP地址为129.29.140.5，则该地址属于__________类IP地址。

6. 因特网将整个网络的名字空间划分为许多不同的域，每个域又划分为若干子域，子域的个数通常不超过________________。

7. 假如您的电子邮箱用户名为abcd，所在服务器主机名为public.ptt.tj.cn，则您的E-mail地址为____________________。

8. 使用IE浏览器启动Telnet客户程序时，用户需在地址栏中输入：__________：//TELNET服务器域名。

二、选择题

1. 计算机网络最根本的目的是______。

　A. 高速运算　　　　B. 提高计算精度

　C. 传输文本、图像和声音文件　　　　D. 实现资源共享

2. 为了实现网络的互连，不同网络必须遵守相同的协议。在网络互连中用得最为广

泛的是______协议。

A. AppleTalk　　B. NetBEUI　　C. TCP/IP　　D. PCI

3. 下列关于局域网的说法中，不正确的是______。

A. 总线式以太网是最常用的一种局域网，它采用总线结构

B. 局域网中的每个结点都有一个唯一的地址，称为 MAC 地址

C. 通常以太网采用点对点的方式进行信息的传输

D. 局域网中使用的集线器分为交换式和共享式

4. IP 地址是因特网中用来标识局域网和主机的重要信息，如果 IP 地址中主机号部分每一位均为 0，该 IP 地址是指______。

A. 因特网的主服务器　　B. 主机所在局域网的服务器

C. 该主机所在局域网本身　　D. 备用的主机

5. 根据 Internet 的域名代码规定，域名中的______表示商业组织的网站。

A. net　　B. com　　C. gov　　D. org

6. 以下所列技术中，下行流比上行流传输速率更高的是______。

A. 电话拨号接入

B. ISDN

C. ADSL

D. 光纤接入网

7. 使用 Cable Modem 是常用的宽带接入方式之一。下面关于 Cable Modem 的叙述中错误的是______。

A. 它利用现有的有线电视电缆作为传输介质

B. 它将同轴电缆频带分为三个部分

C. 用户可以始终处于连线状态，无需像电话 MODEM 那样拨号后才能上网

D. 在上网的同时不能收看电视节目

8. 因特网上的文件传输服务采用了文件传输协议，该协议的英文缩写是______。

A. SMTP　　B. TCP/IP　　C. BBS　　D. FTP

9. 与 Web 网站和 Web 页面密切相关的一个概念称“统一资源定位器”，它的英文缩写是______。

A. UPS　　B. USB　　C. ULR　　D. URL

10. 下列关于计算机病毒传播的叙述中，错误的是______。

A. 计算机病毒可以通过电子邮件传播

B. 计算机病毒可以通过 Web 文档传播

C. 计算机病毒可以通过因特网或其他形式的网络传播

D. 计算机病毒可以通过可移动的存储介质传播，CD-R 光盘除外，因为它是只读光盘

三、判断题

1. 信息高速公路，是指能够实现信息高速传递的通信网络，Internet 就是全球范围内的理想信息高速公路。　　(　　)

2. 在计算机网络中,资源的共享只包括软件的共享,而不能实现硬件的共享。 (　　)

3. 无论是总线式还是交换式局域网,所使用的网卡并无区别。 (　　)

4. “蓝牙”是一种近距离无线数字通信的技术标准,适合于办公室或家庭内使用。 (　　)

5. 用交换式集线器可构建的交换式以太网是独享带宽的,而总线式以太网是共享带宽的。 (　　)

6. 分组交换机是一种带有多个端口的专用通信设备,每个端口都有一个缓冲区用来保存等待发送的数据包。 (　　)

7. 邮件服务器一方面执行 SMTP 协议,另一方面执行 POP3 协议。 (　　)

8. 在考虑网络信息安全时,必须不惜代价采取一切安全措施。 (　　)

四、简答题

1. 简述网络的工作模式。
2. 局域网有哪些特点?
3. 网络协议的作用是什么?
4. 简述互联网中路由器的功能。
5. 简述计算机病毒的特点及危害。

第5章
数字媒体及应用

媒体(Media)是指利用文本、声音、图像、动画、视频等作为传达信息的方式和载体。

任何信息在计算机中存储和传播时都可分解为一系列"0"和"1"的排列组合。我们将利用计算机存储、处理和传播的信息媒体称为数字媒体(digital media)。具有计算机的"人机交互作用"是数字媒体的一个显著特点。这个特点随着网络的普及、数字电视等的出现影响着当代人的生活、学习和工作。

5.1 文本

"文本"一词来自英文text,是人类表达信息最基本的方式之一。世界上不同的国家和地区都有自己独创的语言和文字,传统的文字通过书写或篆刻在纸张、绢帛、竹木、砖石之上进行流传。而数字技术的发展,使得文本信息的阅读、排版、印刷、发行、检索等的方式发生了重大变化,典型的应用包括无纸化办公、激光照排技术、数字图书馆、搜索引擎等等。

5.1.1 字符的标准化

要使文字能进入计算机,并能在互联网上传输,首要的任务就是字符的标准化。字符(Character)是各种文字和符号的总称,包括各国家文字、标点符号、图形符号、数字等。

字符的标准化主要分为两个内容:字符集与字符编码。字符集(Character set)是多个字符的集合,字符集种类较多,每个字符集包含的字符个数不同,常见的字符集有:ASCII字符集、GB2312字符集、BIG5字符集、GB18030字符集、Unicode字符集等。计算机要准确的处理各种字符集文字,需要进行字符编码,以便计算机能够识别和存储各种文字。

每个国家都为自己的文字颁布了编码标准,为了方便国际流通,国际标准化组织(International Standard Orgnization,简称ISO)也颁布了相关的国际标准。

1. 西文字符编码

目前采用的西文字符编码标准为ASCII(American Standard Code for Information Interchange,美国标准信息交换码)字符集,是基于罗马字母表的一套电脑编码系统。它主要用于显示现代英语和其他西欧语言。它是现今最通用的单字节编码系统,等同于国际标准 ISO－646。

表 5－1 为标准的 ASCII 字符集，共有 128 个字符，其中 32 个为控制字符，96 个为可打印字符(包括大小写英文字母、数字和常用标点符号)。每个字符对应 1 个 7 位二进制编码，称为该字符的 ASCII 码。因为计算机中存储和处理数据的基本单位是字节(即 8 个二进位)，所以在计算机中，需在 ASCII 码的首位加“0”，构成一个字节，便于存储和传输。

表 5－1　标准 ASCII 字符集及其编码

$b_6b_5b_4$ \ $b_3b_2b_1b_0$	0	1	2	3	4	5	6	7	8	9	A	B	C	D	E	F
0 1	控制字符															
2	20	21 !	22 ”	23 #	24 $	25 %	26 &	27 ’	28 (	29)	2A *	2B +	2C ,	2D —	2E .	2F /
3	30 0	31 1	32 2	33 3	34 4	35 5	36 6	37 7	38 8	39 9	3A :	3B ;	3C <	3D =	3E >	3F ?
4	40 @	41 A	42 B	43 C	44 D	45 E	46 F	47 G	48 H	49 I	4A J	4B K	4C L	4D M	4E N	4F O
5	50 P	51 Q	52 R	53 S	54 T	55 U	56 V	57 W	58 X	59 Y	5A Z	5B [	5C \	5D]	5E ∧	5F _
6	60 、	61 a	62 b	63 c	64 d	65 e	66 f	67 g	68 h	69 i	6A j	6B k	6C l	6D m	6E n	6F o
7	70 p	71 q	72 r	73 s	74 t	75 u	76 v	77 w	78 x	79 y	7A z	7B {	7C |	7D }	7E ～	7F

标准 ASCII 编码字符集只对 128 个字符进行了编码，已经不能满足现在对字符的使用，于是在不同的平台上，出现了扩展 ASCII(Extended ASCII)字符集。扩展 ASCII 码使用 8 个二进位(与标准 ASCII 编码不同，它的首位是“1”)对新的 128 个字符进行了编码，编码范围是 128～255。在不同的平台之间，扩展 ASCII 字符集并不统一。

2. 汉字编码

(1) GB2312 标准

GB2312 是一个简体中文字符集的中国国家标准，全称为《信息交换用汉字编码字符集・基本集》，是由我国国家标准总局 1980 年发布，1981 年 5 月 1 日开始实施的一套国家标准，标准号是 GB2312－1980。

GB2312 标准共收录 6 763 个汉字，其中一级汉字 3 755 个，二级汉字 3 008 个；同时，GB2312 收录了包括拉丁字母、希腊字母、日文平假名及片假名字母、俄语西里尔字母在内的 682 个全角字符。

① 区位码

整个 GB2312 字符集分成 94 个区，每区有 94 个位。每个区位上只有一个字符，因此可用所在的区和位来对汉字进行编码，每个汉字都有一个区号和一个位号，称为区位码，区号和位号各用两个十进制数表示，例如汉字"巧"的区号是 25，位号是 33，区位码为 25 33。

② 国标码

为了计算机处理、传输与存储汉字的方便，在计算机内部，每个汉字的区号和位号都从 33 开始编号，形成国标码，通常用十六进制表示。将"巧"字的区位码转换为十六进制值为 19 21H，要将其转换为国标码，只要将区号与位号分别加上 20H，即 39 41H。

③ 机内码

为了与 ASCII 字符相区别，我们把汉字编码字节的最高位规定为 1。这个码是唯一的，不会有重码字。把换算成十六进制的国标码加上 8080H，就得到"巧"字的机内码 B9 C1H。

GB2312 的出现，基本满足了汉字的计算机处理需要，它所收录的汉字已经覆盖中国内地 99.75%的使用频率。

(2) GBK 标准

由于对人名、古汉语等方面出现的罕用字，GB2312 不能处理，且不包含繁体字，1995 年国家又颁布了《汉字编码扩展规范》(GBK)。

GBK：汉字国标扩展码，基本上采用了原来 GB2312－80 所有的汉字及码位，并涵盖了原 Unicode 中所有的汉字，总共收录了 883 个符号，21 003 个汉字并提供了 1 894 个造字码位。简、繁体字融于一库。

(3) UCS/Unicode 标准

随着 Internet 的发展，使用计算机同时处理、存储和传输多种语言文字成为很迫切的需求，这就需要对多种语言文字进行统一编码。

国际标准化组织制定了 ISO/IEC10464 标准（Universal Multiple-Octet Coded Character Set，简称 UCS，即"通用多 8 位编码字符集"），微软、IBM 等公司联合制定了工业标准 Unicode(称为"统一码"或"联合码")。因为 UCS 和 Unicode 完全等同，所以一般将二者合称为 UCS/Unicode 标准。

UCS/Unicode 标准现在被广泛采用，其中包含了我国 GB2312 和 GBK 标准中的汉字，但是与它们并不兼容。

(4) GB18030 标准

为了既与 UCS/Unicode 编码标准接轨，又能使用现有的汉字编码资源，我国在 2000 年发布了 GB18030 汉字编码标准，并于 2001 年开始执行。

GB18030 采用不等长的编码方法，单字节编码（128 个）表示 ASCII 字符，与 ASCII 码兼容；双字节编码表示汉字，与 GBK 和 GB2312 保持兼容，另外还有四字节编码用于表示 UCS/Unicode 中的其他字符。

5.1.2 文本的输入

使用计算机制作一个文本，需要向计算机输入文本中所包含的字符，然后进行编辑、排版等处理。文本的输入通常有两种方式：人工输入与自动识别输入。

1. 人工输入方式

(1) 键盘输入

① 英文字符的输入

一般来说，目前的键盘都是由英文的打字机键盘发展而来的，上面已经包含英文的所有字符、数字及标点符号。敲击相应的键盘会对应相应的 ASCII 码，输入相应字符。

② 中文输入法

由于中文汉字数量庞大，字符和键盘无法一一对应，所以人们发明了不同的汉字输入法来实现汉字的输入。

a. 数字编码

这种输入法是使用一串数字表示汉字，每一个汉字都与一个输入码一一对应，例如内码输入法、区位码、电报码等。此类输入法的优点是效率高、无重码；缺点是难以记忆，一般是专业人员使用。

b. 字音编码

这是一种基于汉语拼音的输入法，由汉字的拼音字母组合输入相应的汉字，因此学过汉语拼音的人很容易掌握，适合于非专业人员，如：智能 ABC、搜狗拼音、微软拼音等。但此类输入法有明显的缺点——重码较多，同一个拼音的汉字很多，非常用汉字往往排在后面，需要翻页寻找。

c. 字形编码

这种输入法是将汉字的字形分解归类，按照结构和偏旁部首进行编码。此类编码方法重码少，输入速度较快，但编码规则不易掌握。最典型的例子是五笔字型输入法，又称王码输入法，它将汉字拆分成一百多种字根，并按照一定规律分布到 25 个键位，在输入汉字时，分析此字由哪些字根组成，然后顺序敲击字根所在的键，即可输入该汉字。

d. 形音编码

这种输入法吸取了字音编码和字形编码的优点，目的是减少重码，但是规则掌握起来不太容易。

③ 全角与半角字符

由于中文操作系统同时支持 ASCII 标准字符集和汉字标准字符集(其中包含了西文字母、数字、标点符号等)，为了在输入字符的时候区分西文字符和中文图形字符，将前者称为“半角字符”，后者称为“全角字符”。

如图 5-1(a)所示，汉字输入法提示栏上都有相应的字母和符号的全/半角状态显示。当处于全角状态时，输入的数字与字母将按汉字来处理，占一个汉字的位置，具有双字节内码，如“ａｂｃ，１２３”，而半角状态下输入的字符，只占有一个字节的存储空间，如“abc,123”。

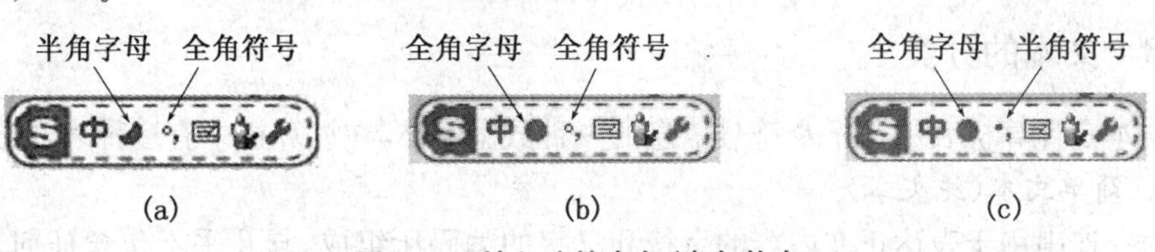

图 5-1　输入法的全角/半角状态

在一般的文字输入过程中，全角字母和数字用得较少，而中文标点使用较多，所以一般输入法默认的状态是半角字母和全角符号，如图 5－1 所示。如果关闭中文输入法，通过键盘输入的则全部都是半角字母和半角符号。

(2) 联机手写输入

将专用的手写板、手写笔连接到计算机，并安装相关软件，用户可以使用与平常书写习惯相似的方式向计算机中输入汉字，由计算机软件自动识别，然后以该汉字对应的代码进行保存。

目前的手写识别软件识别率已经提升到 95%以上，识别速度超过每秒 12 字，并支持大量字符集，为输入汉字提供了方便，同时还能代替鼠标器进行各种交互操作。但是由于手写速度的制约，此类输入方法不适于大量内容的输入，且字迹不能太潦草。

(3) 汉语语音识别输入

语音识别技术，也被称为自动语音识别(Automatic Speech Recognition，简称 ASR)，就是让机器通过识别和理解过程把语音信号转变为相应的文本或命令的技术。这是一门交叉学科，近二十年来，语音识别技术取得显著进步，开始从实验室走向市场。人们预计，未来 10 年内，语音识别技术将进入工业、家电、通信、汽车电子、医疗、家庭服务、消费电子产品等各个领域。

2. 自动识别输入

(1) 印刷体汉字识别

这是一种将印刷或打印在纸介质上的文字通过扫描仪生成图像，然后使用光学字符识别(Optical Character Recognition，简称 OCR)技术将图像中的字符识别出来，即由图像变成可识别的文字。这种输入方式对于将现存的大量书、报、刊物、档案、资料等输入计算机是非常重要的手段。

我国目前使用的文本型 OCR 软件主要有清华文通 TH－OCR、北信 BI－OCR、中自 ICR、沈阳自动化所 SY－OCR 等，匹配的扫描仪主要为市面上的平板式扫描仪。

(2) 脱机手写汉字识别

这是一种将预先手写好的文稿输入计算机的方法。书写者不同的书写风格使得手写汉字变形很大，且失去了联机手写过程中的笔画数目、笔画走向、笔顺等信息，进行识别非常困难，目前仍处于研究阶段。

(3) 其他字符输入方式

在现代商业活动中，为了能够提高准确率和自动化程度，人们还会使用条形码、磁卡、IC 卡等来保存和输入文本内容。

其中，条形码使用间隔和宽度不同的线条来代表数字和字母，操作人员使用专门的电光阅读器快速识别条码所代表的内容并输入计算机进行进一步处理。

5.1.3 文本的分类

文本是计算机表示文字及符号信息的一种数字媒体，在计算机中有多种表现方式。

1. 简单文本(纯文本)

由一连串用于表达正文内容的字符和汉字的编码所组成，它几乎不包含任何其他的

格式信息和结构信息。这种文本通常称为纯文本，其文本后缀是“＊.txt”。Windows 附件中的记事本程序所编辑处理的文本就是简单文本，如图 5－2(a)所示。

简单文本的文本体积小，通用性好，几乎所有的文字处理软件都能识别和处理，但是它没有字体、字号的变化，不能插入图片、表格，也不能建立超链接。简单文本呈现为一种线性结构，写作和阅读均按顺序进行。

2. **格式文本**

格式文本是在简单文本的基础上加入了字体格式、段落格式，并可包含图片、表格、公式等内容。与简单文本相比，格式文本包含的信息更多，表现力更强，如图 5－2(b)所示。

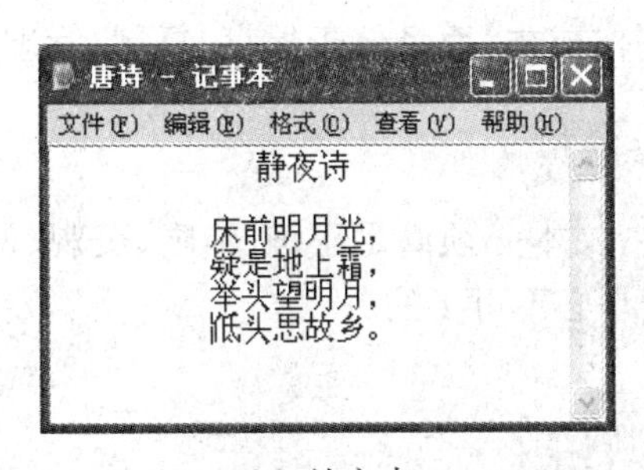

(a) 纯文本

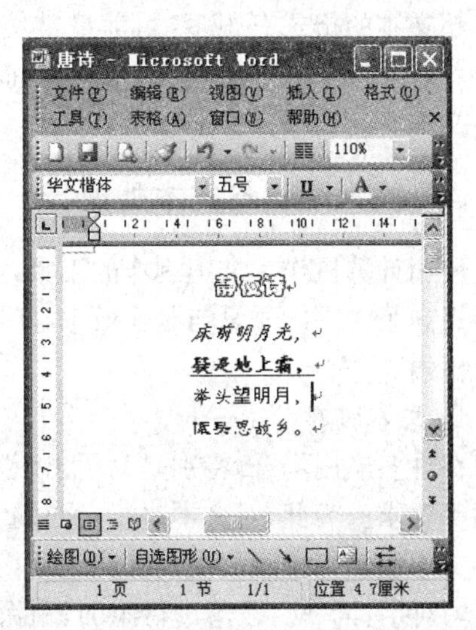

(b) 格式文本

图 5－2　纯文本与格式文本

常用的字符格式包括字体、字号、颜色、下划线、空心、阴影等效果。英文的字号一般以磅为单位，可以从 5 磅～72 磅自由选择，也可以直接输入数值设置更大的字号。中文字号一般以“初号”、“小初”、“一号”……“七号”和“八号”等来表示。

常用的段落格式包括行距、段间距、缩进方式、对齐、分栏等，还可设置页眉页脚、脚注尾注、页边距、边框与底纹。

格式文本在存储时，除了文字之外还保存了许多格式控制和结构说明信息，称为“标记”。不同格式的文本文件具有不同的标记语言。有些标记语言是标准的，比如用于网页的 HTML(超文本标记语言)，有些标记语言是各公司自己专用的，如“.doc”文件是 Microsoft Word 生成的，“.pdf”文件是由 Adobe Acrobat 生成的，不同软件生成的文档格式互不兼容。为了方便不同格式文档之间的转换，一些公司联合推出了一种开放的标准——丰富文本格式(Rich Text Format)，一般简称为 RTF 格式。

3. **超文本**

超文本(Hypertext)是用超链接的方法，将各种不同空间的文字信息组织在一起的网状文本，如图 5－3 所示。超文本更是一种用户界面范式，用以显示文本及与文本之间相关的内容。

目前的超文本普遍以电子文档方式存在，其中的文字包含有可以链接到其他位置或者文档的链接，允许从当前阅读位置直接切换到超文本链接所指向的位置。

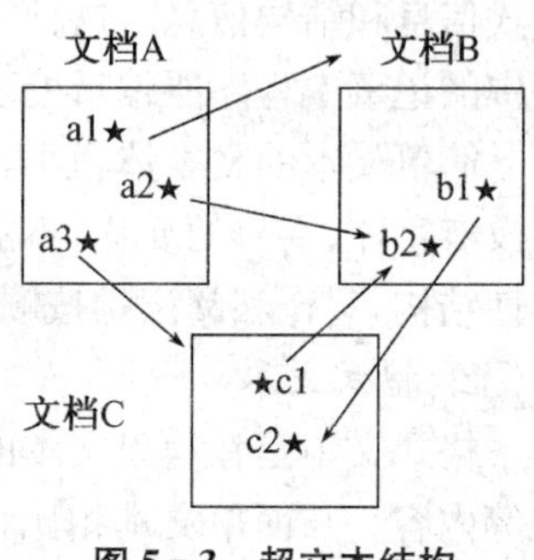

图 5-3 超文本结构

超链接是指从一个网页指向一个目标的连接关系，这个目标称之为链宿，可以是另一个网页，也可以是相同网页上的不同位置，还可以是一个图片，一个电子邮件地址，一个文件，甚至是一个应用程序。而在一个网页中用来超链接的对象称之为链源，可以是一段文本或者是一个图片等。

超文本的格式有很多，目前最常使用的是超文本标记语言(Hyper Text Markup Language，简称 HTML)。我们日常浏览的网页上的链接都属于超文本。

5.1.4 文本编辑与文本处理

使用计算机作为文本制作的工具，比传统的手写、打字或铅字排版等更具有优势，它不但提高了文本的质量与制作效率，降低了文本制作成本，而且便于保存、复制、管理、传输及检索。

1. 文本编辑

在许多应用场合，特别是为了出版发行的需要，文本必须满足正确、清晰、美观、便于使用等要求。为此，对文本进行必要的编辑和排版是必不可少的。

文本编辑与排版的主要功能包括：

- 对字、词、句、段落进行添加、删除、修改等操作；
- 文字的格式处理：设置字体、字号、字的排列方向、间距、颜色、效果等；
- 段落的格式处理：设置行距、段间距、段缩进、对称方式等；
- 表格制作和绘图
- 定义超链
- 页面布局(排版)：设置页边距、每页行列数、分栏、页眉、页脚、插图位置等

为了提高编辑和排版操作的效率，文字处理软件有许多专门设计的功能，例如查找与替换、预定义模板等。由于计算机性能的提高，屏幕显示功能的不断增强，现在几乎所有文本编辑软件的用户界面都已经做到"所见即所得"，即一方面所有的编辑操作的效果立即可以在屏幕上看到，另一方面在屏幕上看到的效果与打印机的输出结果保持相同。

2. 文本处理

如果说文本编辑、排版主要是解决文本的外观问题，那么文本处理强调的是使用计算机对文本中所含文字信息的形、音、义等进行分析和处理。文本处理可以在字、词(短语)、句子、篇章等不同的层面上进行。例如：

- 在字、词(短语)层面上进行的处理，包括字数统计、自动分词、词性标注、词频统计、词语排序、词语错误检测、自动建立索引、汉字简/繁体转换，大陆/台湾编码及术语转换等；
- 在句子级别上进行的处理有语法检查、文语转换(语音合成)、文种转换(机器翻

译)等;

● 在篇章基础上进行的处理有关键词提取、文摘生成、文本分类、文本检索等。

此外,为了文本的信息安全和有效地进行存储和传输,还可以对文本进行加密、压缩等处理。

在文本处理的各种应用中,使用最多的是文本检索。文本检索是将文本按一定的方式进行组织、储存、管理,并根据用户的要求查找到所需文本的技术和应用。在互联网上使用百度或者 Google 寻找需要的信息都是文本检索的例子。

3. 常用文本处理软件

大量应用场合需要使用计算机制作与处理文本,不同的应用有不同的要求,通常使用不同的软件来完成任务。例如,因特网上用于聊天(笔谈)的程序和收发电子邮件的程序都内嵌了简单的文本编辑器,他们提供了文字输入和简单的编辑功能;而面向办公应用的文本处理软件,为了保证文本制作的高效率和高质量,同时又要面向广大的非专业用户,使软件好学好用,因此对这一类文本处理软件的要求比较高,既要功能丰富多样,又要操作简单方便。目前,在 PC 机上使用的具有代表性的是微软公司的 Office 套件和我国自行开发的 WPS。

面向出版行业的文字处理软件,除了常规的文字编辑处理功能之外,更重要的是它的排版功能,所以这一类型软件也称为“排版软件”。我国方正集团的“飞腾”排版软件、美国 Adobe 公司的 PageMaker 和 PDF Writer 都是这一类软件的代表。为使计算机制作的文本能在网络上发布或使用光盘之类的介质进行出版(称为电子出版),目前最流行的软件是美国 Adobe 公司的 Acrobat,它使用 PDF 文件将文字、字形、格式、颜色、图形、图像、超链、声音和视频等信息封装在一个文件中,不仅适合网络和电子出版,也适合印刷出版,实现了纸张印刷和电子出版的统一。

5.1.5　文本的展现

各种字符编码标准只是规定了字符与计算机内码的关系,并不涉及字符外形的描述,要想使字符能够在屏幕上显示或者打印输出,必须要使用字库。

字库是描述字符外形的计算机文件,也称为字形文件或字体文件。在目前使用的 Windows 操作系统中一般都包含了大量的英文字库和几种常用的中文字库,例如 Times New Roman、Arial、Impact、楷体、宋体、华文新魏、华文琥珀等。图 5-4 列出一些常用的中文和英文字体。

宋体　黑体　楷体　仿宋

华文彩云　华文琥珀

(a) 中文字体

Times　Arial　Book　Lucida

Courier　Impact　Centaur

(b) 英文字体

图 5-4　几种常用的中文和英文字体

字库按不同的规定有多种分类。

1. 按语种不同可分为:外文字库、中文字库、图形符号库。外文字库又可分为:英文字库、俄文字库、日文字库等。

2. 按不同公司划分为:微软字库、方正字库、汉仪字库、文鼎字库、汉鼎字库、长城字库、金梅字库等。

3. 按支持的字符集可划分为:GB2312 字库、GBK 字库、GB18030 字库等。

4. 按符号笔画信息的描述和存储方式,字库可以分为矢量字库和点阵字库两大类。

(1) 矢量字库(也称为轮廓字库)以数学方法记录了字符笔画的轮廓,如图 5-5(a)所示。这种描述方法的优点是放大之后笔画光滑、无锯齿状失真,真正做到所见即所得,缺点是生成时需要大量计算,显示速度较慢。目前广泛使用的矢量字库有 True Type 字库(简称 TT)。

(2) 点阵字库(也称为栅格字库)是通过网格描述的方法记录汉字笔画[如图 5-5(b)所示]。将汉字以某种字体写在 M 行×N 列的方格上,有笔画的位置记为二进制"1",无笔画的位置记为二进制"0"。一个 M 行 N 列的汉字字形可以用 M×N/8 个字节来表示。例如,一个 16×16 点阵的汉字,需要 32 个字节来存放。将一个字符集中的所有汉字的字形信息使用这种方法保存,就形成点阵字库。用点阵字形描述汉字重绘速度快,但放大后有锯齿,所以多用来显示窗口菜单等小字形内容。

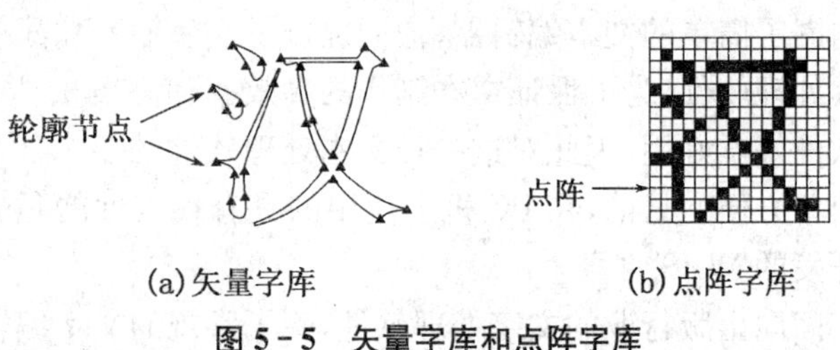

图 5-5　矢量字库和点阵字库

文本展现的过程大致是:首先对文本的格式描述进行解释,然后生成字符和图表的映象,最后传送到显示器或打印机输出。承担上述文本输出任务的软件称为文本阅读器或浏览器,例如微软公司的 Word、Adobe 公司的 Acrobat Reader 以及 IE 浏览器等。

5.2　图像

图像是多媒体信息中不可或缺的一类内容。在对图像进行处理之前,需要先对图像进行数字化,数字化后的数据还需要进行压缩存储,进行图像数字化的设备有扫描仪、图像采集卡、数码相机等。

5.2.1　颜色模型

在对图像进行数字化时,首先要将图像离散成若干行和若干列的像素点,然后将每个点用二进制颜色编码表示。

下面介绍图像中颜色的编码,颜色编码可以使用不同的颜色模型,常用的颜色模型有 RGB 模型、CMY 模型、HSB 模型等。

1. RGB 模型

自然界中的任何一种颜色都可以由红、绿、蓝(R、G、B)这 3 种颜色分量混合而成,这

3 种颜色分量称为三基色。

在计算机中，将红、绿、蓝 3 种颜色分量分别按颜色的深浅程度不同分为 0～255 共 256 个级别，其中 255 级是纯色(红、绿或蓝)，每种颜色分量分别用 8 位二进制数表示。

3 种颜色分量的不同比例可以用来表示不同颜色。例如，255∶0∶0 表示纯红色，0∶255∶0 表示纯绿色，0∶0∶255 表示纯蓝色，255∶255∶255 表示白色，0∶0∶0 则表示黑色。

3 种颜色分量的不同级别的组合可以得到 256×256×256＝16 777 216 种颜色，每种颜色用 24 位表示，这种表示颜色的方法称为 RGB 模型。在很多图像编辑系统中，RGB 模式是首选的模式。

2. CMY 模型

一个不发光的物体称为无源物体，它的颜色由该物体吸收或者反射哪些光波决定。用彩色墨水或颜料进行混合，绘制的图画就是一种无源物体，用这种方法生成的颜色称为相减色。

理论上，任何一种颜色也可以用青色(cyan)、品红(magenta)和黄色(yellow)3 种基本颜色按一定比例混合得到，这种表示颜色的方法称为 CMY 模型，它是一种相减混色模型。

在相减混色中，当 3 种基本颜色等量相减时得到黑色。例如，等量黄色和品红相减而青色为 0 时，得到红色；等量青色和品红相减而黄色为 0 时，得到蓝色；等量黄色和青色相减而品红为 0 时，得到绿色。

彩色打印机采用的就是这种原理，印刷彩色图片也是采用这种原理。由于彩色墨水和颜料的化学特性，用等量的 3 种基本颜色得到的黑色不是真正的黑色，因此在印刷技术中常加一种真正的黑色(black ink)，所以 CMY 模型又称为 CMYK 模型。

3. HSB 模型

与相加混色的 RGB 模型和相减混色的 CMY 模型不同，HSB 颜色模型着重表述光线的强弱关系，它使用颜色的 3 个特性来区分颜色，这 3 个特性分别是色调(hue)、饱和度(saturation)和明度(brightness)。

色调又称为色相，指颜色的外观，用于区别颜色的名称或颜色的种类。色调是视觉系统对一个区域呈现的颜色的感觉。这种感觉就是与红、绿和蓝 3 种颜色中的哪一种颜色相似，或者与它们组合的颜色相似。

饱和度是指颜色的纯洁性，用来区别颜色明暗的程度。

明度是视觉系统对可见物体辐射或者发光多少的感知属性。例如，一根点燃的蜡烛在暗处比在明处看起来亮。

许多图形处理软件中都同时使用多种颜色模型，在 Windows 附件的“画图”程序中，编辑颜色就使用了 HSB 和 RGB 两种颜色模型，如图 5－6 所示。

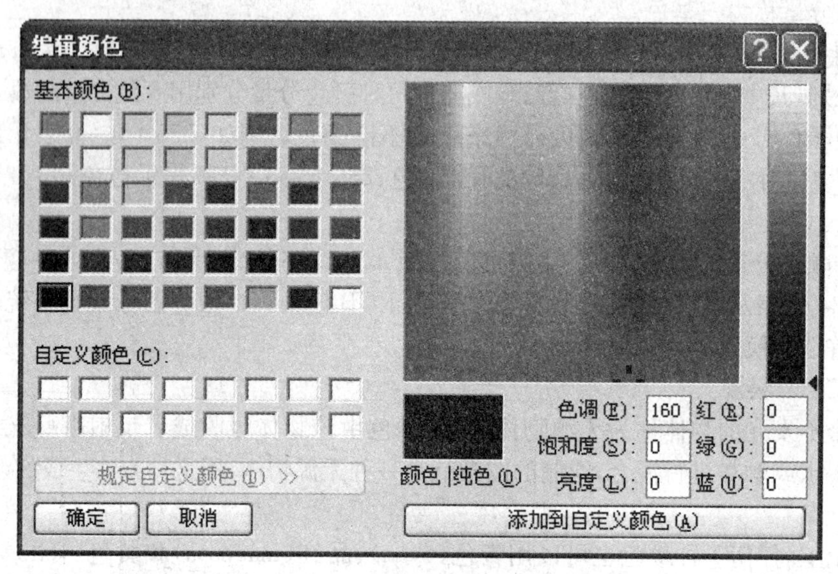

图 5-6　常见的"颜色"对话框

5.2.2　图像的数字化

1. 图像数字化的过程

数字图像有两个主要来源:(1) 现有图片经图像扫描仪生成数字图像;(2) 使用数码相机将自然景物、人物等拍摄为数字图像。

两者实际的工作原理是相同的,即将模拟图像进行数字化。图像的数字化大体可以分为以下四步,如图 5-7 所示。

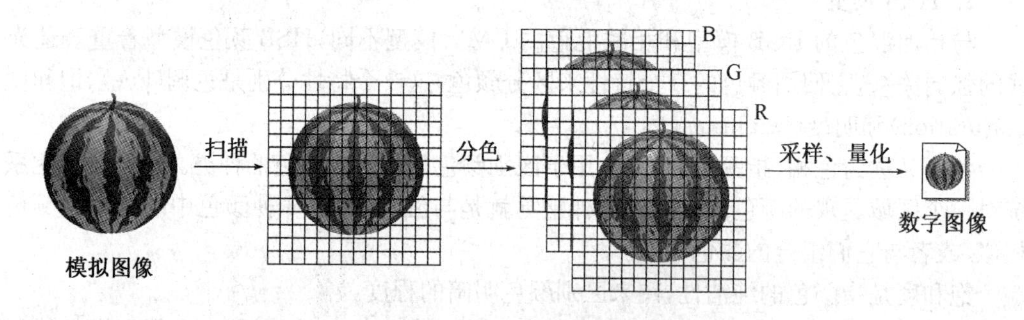

图 5-7　图像的数字化过程

(1) 扫描

将画面分为 M×N 个网格,每个网格称为一个采样点,每个采样点对应于生成后图像的像素。一般情况下,扫描仪和数码相机的分辨率是可调的,这样可以决定数字化后图像的分辨率。

(2) 分色

将彩色图像采样点的颜色分解为 R、G、B 三个基色。如果不是彩色图像(如灰度或黑

白图像)，则不必进行分色。

(3) 采样

测量每个采样点上每个颜色分量的亮度值。

(4) 量化

对采样点每个颜色分量的亮度值进行 A/D 转换，即把模拟量使用数字量来表示。一般的扫描仪和数码相机生成的都是真彩色图像。

将上述方法转换的数据以一定的格式存储为计算机文件，即完成了整个图像数字化的过程。

2. 图像的属性参数

描述一个数字图像的属性，可以使用不同的参数。在这些参数中，重要的有分辨率和像素深度，其中分辨率又分为图像分辨率、扫描分辨率和显示分辨率。

(1) 图像分辨率

一幅图像的像素是呈行和列排列的，像素的列数称为水平分辨率，行数称为垂直分辨率。整幅图像的分辨率是由“水平分辨率×垂直分辨率”来表示的。例如：640×480 表示图像有 480 行像素，每行有 640 个像素。

对于一个相同尺寸的图像，组成该图像的像素数量越多，说明图像的分辨率越高，看起来越逼真，相应地，图像文件占用的存储空间也越大；相反，像素数量越少，图像文件占用的存储空间越小。

(2) 扫描分辨率

扫描分辨率是指对图像采样时，单位距离内采样的点数，扫描分辨率用每英寸点数 DPI 表示。例如，如果用 300DPI 来扫描一幅 4 英寸×5 英寸的图像，就得到一幅 1 200×1 500 个像素的数字图像。

显然，扫描分辨率越高，得到的图像像素点就越多，获得的图像越细腻，扫描仪的扫描分辨率可以达到 19 200DPI。在用扫描仪扫描图像时，通常要根据需要选择合适的分辨率来扫描图像。

(3) 显示分辨率

显示分辨率是指显示屏上可以显示出的像素数目，数目的多少与显示模式有关。相同大小的屏幕显示的像素越多，表明设备的分辨率越高，显示的图像质量也就越高。

(4) 像素深度

像素深度是指图像中每个像素所用的二进制位数，也是每个颜色分量的二进位数之和，因为这个二进制数用来表示颜色，所以也称为颜色深度。图像的像素深度越深，所使用的二进制的位数越多，能表达的颜色数目越多。

如果每个像素用 4 位二进制表示颜色，就可以表示出 16 种颜色，相应的图像称为 16 色图像。

常见的像素深度有 1 位、4 位、8 位和 24 位。其中 1 位用来表示黑白图像；4 位可以表示 16 色图像或 16 级灰度图像；8 位可以表示 256 色图像或 256 级灰度图像；而 24 位用来表示真彩色图像，即分别用 8 个二进制位来表示 R、G、B 三基色分量，可表示的颜色数目为 $2^8 \times 2^8 \times 2^8 = 2^{24}$ 即 16 777 216 种颜色。

(5) 图像的数据量

如果以计算机文件保存，一幅图像的数据量由以下三部分组成：

图像文件数据量＝水平分辨率×垂直分辨率×像素深度/8

一幅不压缩的 Windows Bitmap 真彩色图像，分辨率为 1 024×768，它的数据量为 1 024×768×24 位/8＝2 359 296 字节。

5.2.3 数字图像的压缩编码

从上一节图像的数据量计算中我们看到，图像的存储容量是很大的，而且在图像数据文件中存在着大量的冗余，且由于人的视觉的局限性，即使压缩后的图像有一些失真，只要限制在人眼无法察觉的范围内，也是允许的。因此对图像数据进行压缩是必要的也是可能的。

1. 图像压缩的方法

(1) 无损压缩

对于同一帧图像，冗余反映为相邻像素点之间比较强的相关性，因此任何一个像素均可以由与它相邻且已被编码的点来进行预测估计。

具有相关性是信息可以压缩的一个重要原因。利用信息相关性进行的数据压缩，并不损失原信息的内容，这种压缩称为无损压缩。无损压缩是一种可逆压缩，即经过压缩后可以将原来文件中包含的信息完全保留的一种数据压缩方式。

常见的编码方式有行程长度编码(RLE)和霍夫曼(Huffman)编码等。

(2) 有损压缩

在许多情况下，数据经过压缩后再还原时，允许有一定的损失。例如，收音机或者电视机所接收的信号与从发射台发出时相比，实际上都有不同程度的损失，电话里听到的声音通常也会有很大的变形，但是这些损失都不影响对信息内容的理解。

经压缩后不能将原来的文件信息完全保留的压缩，称为有损压缩，这是不可逆的压缩方式。当然，有损压缩后的信息应当能基本表述原信息的内容，否则这种压缩就失去了意义。有损压缩的前提是，在原始信息中存在一些对用户来说不重要、不敏感、可以忽略的信息。

2. 常见的图像文件格式

(1) BMP 图像格式

BMP 是 Bitmap 的缩写，一般称为“位图”格式，是 Windows 操作系统采用的图像文件存储格式。在 Windows 环境下所有的图像处理软件都支持这种格式。

位图格式的文件一般以“. bmp”为扩展名，属于无损压缩。

(2) GIF 图像格式

GIF 文件格式属于无损压缩，并支持透明背景，支持的颜色数最大为 256 色。最有特色的是，它可以将多张图像保存在同一个文件中，这些图像能按预先设定的时间间隔逐个显示，形成一定的动画效果，该格式常用于网页制作。

(3) TIFF 图像格式

TIFF 图像文件格式支持多种压缩方法，大量应用于图像的扫描和桌面出版方面。

此格式的图像文件一般以“. tiff”或“. tif”为扩展名。

(4) PNG 图像格式

PNG 是企图替代 GIF 和 TIFF 文件格式的一种较新的图像文件存储格式。用 PNG 来存储灰度图像时，灰度深度可达 16 位；用它来存储彩色图像时，彩色图像的深度可达 48 位。

PNG 格式支持流式读写性能，适合于在网络通信过程中连续传输，能由低分辨率到高分辨率、由轮廓到细节逐渐地显示图像。

(5) JPEG 图像格式

JPEG 格式是由 JPEG 专家组(Jion Photographics Group)制定的图像数据压缩的国际标准，是一种有损压缩算法。JPEG 格式特别适合处理各种连续色调的彩色或灰度图像(如风景、人物照片)，算法复杂度适中，既可用硬件实现，也可用软件实现。

JPEG 格式的压缩率可以控制，压缩率越低，重建后的图像质量越好，反之越差。目前，绝大多数数码相机和扫描仪可直接生成 JPEG 格式的图像文件。网络上的人物或风景照片大部分是 JPEG 格式的。JPEG 图像中还可以保存一些额外的信息，如数码相机的型号、拍摄时的光圈和快门设置等。

JPEG 格式文件的扩展名有“. jpeg”、“. jpg”、“. jpe”等。

JPEG2000 采用了小波分析等先进技术，能提供比 JPEG 更好的图像质量和更低的码率，且与 JPEG 保持向下兼容。JPEG2000 既支持有损压缩，也支持无损压缩。

(6) 其他文件格式

上面列举的是一些常用的通用图像格式，绝大多数的图像处理软件都直接支持。另外还有一些专用的格式，如 PSD 格式、DRW 格式、PPF 格式、EPS 格式等，这些格式的图像软件一般只能用相应的软件打开，因为其中包含了不能被其他软件所识别的信息。

5.2.4　数字图像的处理与应用

数字图像在通信(如传真、可视电话、视频会议)、遥感(如卫星拍摄的森林、矿藏照片以及气象云图)、医疗诊断(如 X 光、B 超、CT)、工业生产(如产品质量检测、生产过程自动化)、机器人视觉(如军事侦察、危险环境作业)、安全(如指纹、手迹、印章、人像的识别)等领域有广泛的应用。

图像的应用和图像的处理密不可分，目前大量商业化的图像处理软件被广泛地使用。最常用的有 Windows 系统附件中的画图软件、微软 Office 套件中的 PhotoDraw、Adobe 公司的 Photoshop、Corel 公司的 Painter 和 Photo-Paint、Ulead 公司的 PhotoImpact 以及 ACD 公司的 ACDSee 等。这些图像处理软件功能各有侧重，适用于不同用户。

使用图像处理软件可以实现以下各类操作：

(1) 图像的显示。包括图像的浏览、打印、幻灯片形式播放。

(2) 图像的扫描。可以单幅或批量地将照片或传统印刷品、手稿扫描成为计算机图像文件。

(3) 图像属性的修改。如更改图像的分辨率、宽高比、颜色数、裁剪与旋转图像、调整图像的亮度和对比度等。

(4) 对图像进行柔化、锐化处理,对人像进行消除红眼处理。

(5) 对图像上的灰尘、划痕、噪点、网点进行消除。

(6) 提供各种滤镜操作,产生各种特技效果。

(7) 绘图功能。利用软件提供的丰富的画笔类型,用户可以进行自由手绘,也可以方便地绘出直线、曲线和各种常用的几何形状,还可以应用丰富多彩的边框、底纹和填充图案。

(8) 文字编辑功能。用于在图片上添加文字,以及产生各种文字的变形效果。

(9) 图层操作。该功能可将一幅图像分成若干层,分别对每一层进行编辑处理。利用图层操作(如图层复制、图层激活、图层显示、图层排列、图层关联等),可以大大增强图像编辑制作的灵活性。

5.2.5 矢量图形

本书前面介绍的图像,是由 M×N 个像素组成的栅格图像(Raster image),又译作光栅图像,也称为位图图像(Bitmap image)(前面提到的 BMP 位图格式只是这里所说的位图图像中的一类)。位图图像的特点是与扫描、显示和打印关系密切。因为扫描、显示和打印都是基于像素的,在颜色数确定的情况下,位图图像的数据量(文件大小)只与分辨率有关,与内容的复杂度无关。

与位图图像相对应的是另一类图像——矢量图形(Vector graphics),也叫作计算机合成图像。矢量图形是由一系列可以重建图片的指令构成,矢量图形文件并不保存每个像素的颜色值,而是包含了计算机需要的为图像中的每个对象创建形状、尺寸、位置和颜色等的命令。这些指令类似于制图老师给学生下达的某些任务:画一个 2 英寸大小的圆,将这个圆放置在离工作区下边缘 1 英寸,右边缘 2 英寸的地方,并把这个圆涂成黄色。

1. 矢量图形的特点

矢量图形的特点是适合于大部分的线条画、标志图、简单的插画以及可能需要以不同的大小被显示或打印的图表,如图 5-8 所示。

图 5-8 矢量图的编辑

与位图相比,矢量图形具有自己的特点:

(1) 改变大小时,矢量图中的各个对象会按照比例改变而保持边缘的光滑,而位图图像在放大后有可能看起来有锯齿状的边缘。

(2) 矢量图形所需要的存储空间反映了图像的复杂程度,所需的指令越多,就需要越多的存储空间。但是对于同一幅图片,用矢量图形表示占据的存储空间会小于位图图片所需要的存储空间。

(3) 大部分的矢量图形往往具有类似卡通图画的外观,而不是那种从照片中获得的真实外观。

（4）在矢量图形中编辑对象比在位图图像中更容易。因为矢量图形就像一个很多对象的拼贴图，每个对象可以被单独地移动或编辑。而位图图像会被构建成单独的像素层，不利于编辑修改。

2. 矢量图形的创建

矢量图形可以有两种方法得到：

（1）使用矢量图形绘制软件手工绘制。目前，流行的矢量绘图软件有 Corel 公司的 CorelDraw、Adobe 公司的 Illustrator、Macromedia 公司的 Freehand 等。微软 Office Word 中的自选图形和剪贴画、Visio 等软件中的流程图、组织机构图、网络拓扑图实际上也都是矢量图形，如图 5 - 9 所示。

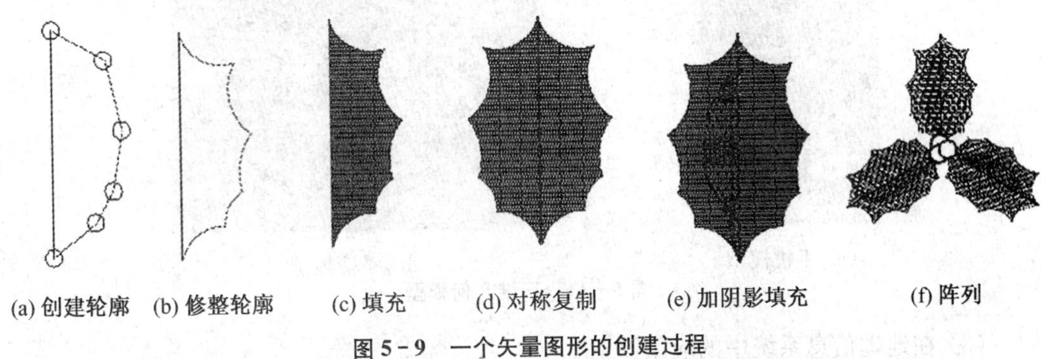

(a) 创建轮廓　(b) 修整轮廓　(c) 填充　(d) 对称复制　(e) 加阴影填充　(f) 阵列

图 5 - 9　一个矢量图形的创建过程

（2）使用专门的轮廓跟踪软件将位图图像转换为矢量图形，如图 5 - 10 所示。

图 5 - 10　位图图像的矢量化

3. 矢量图形的应用

（1）在计算机辅助设计中的应用

目前，很多工业产品（如手机、电视机、汽车等）都采用了计算机辅助设计（CAD）和计算机辅助制造（CAM）技术。工程师们通过计算机，使用数据模型精确地描述机械零件的三维形状，既可以显示和绘制零件的图形，又可以提供加工数据，还可以进行结构强度、运动特性分析，大大缩短产品设计周期，提高设计质量，如图 5 - 11（a）所示。

应用比较广泛的 CAD 软件有 Unigraphics NX、Pro/Engineering、Solidwoks、MDT、AutoCAD 等。

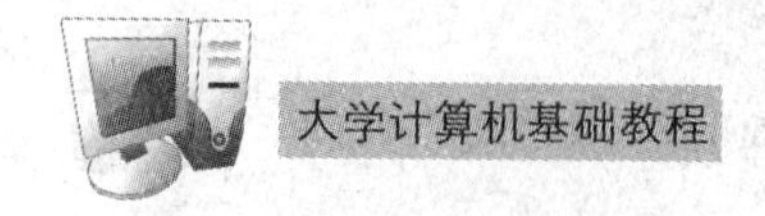

(2) 在计算机动画和设计艺术中的应用

使用计算机不但能生成实际存在的具体景物的图像，还能生成假想或抽象的物体和景象。无论是人物形象的造型、背景设计，还是怪兽、各种奇怪的场景、广告片头等均可以用计算机来完成，如图 5 - 11(b)所示。

目前，广泛使用的用于影视创作的三维软件有 3DS Max、SoftImage 3D、MAYA、Light-Wave3D 等。

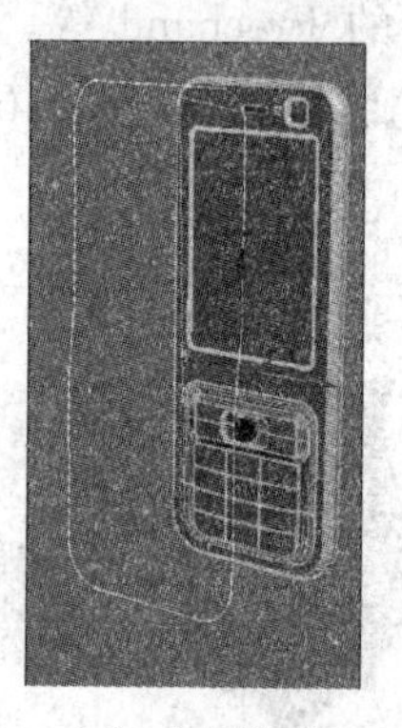

(a) 手机模型

(b) 茶壶模型

图 5 - 11　三维几何模型

(3) 在地理信息系统中的应用

地理信息系统(Geography Information System，简称 GIS)是建立在地理数据基础上的管理、查询和分析软件，被广泛应用在地图绘制、交通管理、资源勘探、物流配送等行业。计算机图形技术是地理信息系统的核心技术之一。

5.3　声音

声音是一种通过声波的形式传播的机械振动，是携带信息的重要媒体。声音的种类很多，有自然界的风雷雨电之声，有闹市区各类交通工具之声，有乐器演奏的音乐和人类说话的语音等。

声波一般由多个频率和振幅互不相同的波的叠加，属于复合信号，复合信号的频率范围称为带宽。人耳能够分辨的声音频率大约在 20～20 kHz 之间，这个频率范围的声音是人们研究的主体。

5.3.1　声音的数字化

计算机要处理声音，首先要通过麦克风将声波的振动转变为相应的电信号，这个电信号是模拟信号，然后通过声卡将模拟信号转换成数字信号，即模拟/数字转换，简称 A/D 转换，这个过程称为音频信号的数字化。

数字化后的声音信号可以使用计算机进行各种处理，经过处理后的数据再经过声卡中的数字/模拟转换还原成模拟信号，模拟信号经过放大后输出到音箱或耳机，就可以还原成人耳能够听到的声音。

1. 模拟信号和数字信号

声音信号是典型的连续信号，即该信号在时间和幅度上都是连续的。时间上连续是指在一个指定的时间范围里声音信号的幅值有无穷多个，幅度上连续是指幅度的数值有无穷多个，这种时间和幅度上都连续的信号称为模拟信号，如图 5-12(a)所示。计算机不能直接处理模拟信号，因此要先将模拟信号转换成数字信号。

数字信号是指在一个指定的时间范围里信号取有限个幅值，而且每个幅值也被限制在有限个数值之内，如图 5-12(b)中就是数字信号，在图中所示的时间范围内，声音取了 4 个幅值，每个幅值只能取 3，1，−1，−3 中的一个。

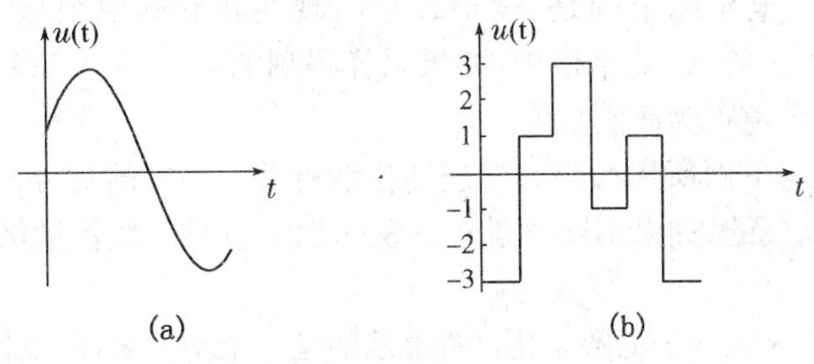

图 5-12　模拟信号和数字信号

2. 声音信号的数字化过程

将模拟的声音信号转变为数字音频的过程称为数字化，这一过程由声卡中的模拟/数字(A/D)转换功能来完成，数字化的完整过程要经过采样、量化和编码 3 个阶段，如图 5-13 所示。

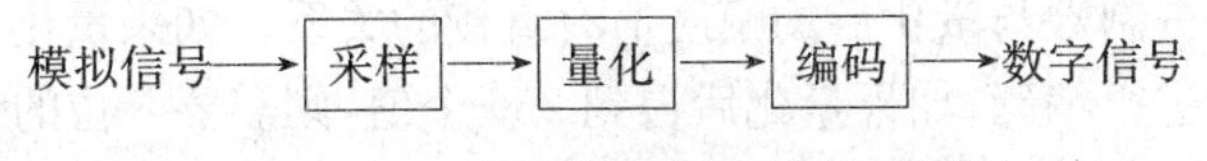

图 5-13　声音信号的数字化示意图

图 5-14 反映了音频信号数字化的具体过程。

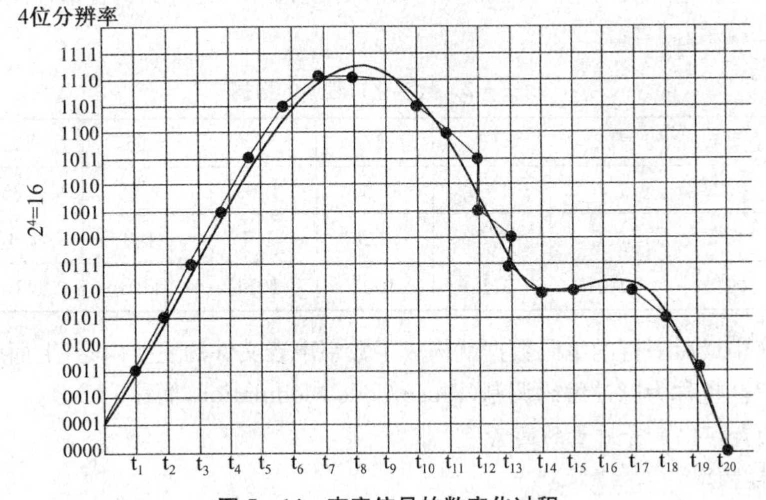

图 5-14　声音信号的数字化过程

(1) 采样

采样是指每隔一段时间间隔读取一次声音的波形幅值,由这些特定的时刻得到的值构成的信号称为离散时间信号。

前后两次采样的时间间隔可以相同,也可以不同,如果用相同的时间间隔进行采样,称为均匀采样,否则称为非均匀采样。

(2) 量化

采样后得到的信号在时间上是不连续的,但是其幅度的值还是连续的,因此,还应该把信号幅度取值的数量加以限定,这一过程称为量化。

例如,假设输入电压的范围是 0V～1.5 V,现在将它的取值限定在 0 V,0.1 V,0.2 V,…,1.4 V,1.5 V 共 16 个值中,如果采样得到的幅度是 0.123 V,则近似取值为 0.1 V,采样得到的数值称为离散数值。

离散值的个数与下面所用编码的二进制位数有关。幅度的划分同样可以是等间隔的,也可以是不等间隔的,如果幅度的划分是等间隔的,就称为线性量化,否则称为非线性量化。

显然,图 5-14 声音信号的数字化过程显示的是一个均匀采样,线性量化的过程。

(3) 编码

数字化的最后一步是将量化后的 16 个电压值顺序分别用 4 位二进制 0000,0001,0010,0011,0100,0101,0110,0111,1000,1001,1010,1011,1100,1101,1110 和 1111 表示,量化后的每一个值都用其中的一组 4 位二进制表示,这时模拟信号就转化为数字信号。

编码所用的二进制数与量化后的幅度值有直接的关系。如果量化后得到的 16 个值,则需要 4 位二进制进行编码;如果量化后得到 256 个值,则需要 8 位的二进制进行编码。

在横坐标上,每个时间点 t1、t2、t3 等是每一个相等间隔的采样点,纵坐标上假定幅度范围是 0～1.5,将幅度值量化为 16 个等级,然后对每个等级用 4 位二进制数进行编码。

在图 5-14 中,共有 20 个采样点,对每个点使用了 4 位量化后,各采样点的数据及编码如表 5-2 所示。

表 5-2 数字化过程中的数据

采样点	T1	T2	T3	T4	T5	T6	T7	……
采样值	0.27	0.46	0.65	0.86	1.09	1.25	1.35	……
量化值	0.3	0.5	0.7	0.9	1.1	1.3	1.4	……
编码	0011	0101	0111	1001	1011	1101	1110	……

表 5-2 中最后一行的编码数据就构成了数字声音文件的主要内容,上面所说的音频数字化的过程,也称为脉冲编码调制(Pluse Code Modulation,简称 PCM)。

3. 影响数字化声音质量的因素

(1) 采样频率

单位时间内进行的采样次数称为采样频率,通常用赫兹(Hz)表示。例如,采样频率

为1 kHz,表示每秒钟采样 1 000 次。

显然,采样频率越高,经过离散的波形越接近原始波形,从而声音的还原质量也越好,但是采样频率越高,相应地,保存这些信息所需的存储空间也就越大。

采样频率可以根据奈奎斯特(Nyquist)定理确定。奈奎斯特采样原理指出:当采样频率高于输入信号中最高频率两倍时,就可以从采样信号中无失真地重构原始信号。

(2) 量化精度

量化精度是指用来表示量化级别的二进制数据的位数(bit 或 b),也叫样本位数、位深度,常用的有 8 位和 16 位。

如果量化精度为 8 位,则可以表示 2^8,即 256 种幅值,它的精度是输入信号最高幅值的 1/256;当量化精度为 16 位时,就可以表示 65 536 种不同的幅值,它的精度是输入信号最高幅值的 1/65 536。

显然,量化精度越高,声音的质量越高,需要的存储空间也越大;位数越少,声音的质量越低,需要的存储空间也就越小。

(3) 声道数

声道数是指产生声音的波形数,一般为 1 个或 2 个,分别表示产生一个波形的单声道数和产生两个波形的立体声音,立体声的效果比单声道丰富,但存储空间要增加一倍。新式的带 DTS 解码的 CD、带 AC3 解码的 DVD 光盘及其播放系统(即家庭影院系统)支持 5.1、6.1甚至 7.1 声道,称为环绕立体声。其中"0.1"是由其他声道计算出来的低音声道,不是独立的声道。

(4) 数据率和声音质量

数据率也称为码率,是指每秒钟的声音经数字化后产生的二进制位数,它与采样频率、量化位数、声道数的关系如下:

$$码率=采样频率\times量化位数\times声道数$$

数据率的单位是 bps(每秒的比特数)。

例如:立体声的声音,经 44.1kHz 的采样频率、16 位的量化位数进行数字化后,它的码率为:

$$码率=44.1\ kHz\times16\ b\times2=1\ 411.2(kbps)$$

表 5-3 列出了几种常见声音质量的声道数、采样频率、量化位数以及码率。

表 5-3　声音质量与码率

采样频率(kHz)	量化精度(bit)	声道数	码率(kb/s)	存储容量(MB)	质量
11.025	8	1	88.2	1.29	相当于 AM 音质
	16	1	176.4	2.58	
22.05	8	2	352.8	2.58	相当于 FM 音质
	16	2	705.6	5.16	
44.1	16	2	1411.2	10.33	相当于 CD 音质
48	16	2	1536.0	11.25	相当于 DAT 音质

5.3.2 声音数据的压缩格式

声音经数字化后的编码数据量较大，为保存这些数据就需要较大的空间。同时，为实现实时处理，需要及时传输这些数据，又要求有较高的传输率。因此，为了便于存储和传输，有必要将这些数据先进行压缩，在还原时再进行解压缩。

1. 压缩率

压缩率（又称压缩比或压缩倍数）是指数据被压缩之前的容量和压缩之后的容量之比。例如，一首歌曲的数据量为 50 MB，压缩之后为 5 MB，则压缩率为 10∶1。

2. MPEG 声音压缩编码

MPEG 的全名为 Moving Pictures Experts Group，中文译名是动态图像专家组，是一系列运动图像（视频）压缩算法和标准的总称，其中包括了声音压缩编码（MPEG Audio）。MPEG 声音压缩算法是世界上第一个高保真声音数据压缩国际标准，已经得到了广泛的应用。

表 5－4 列出了全频带声音常用的几种 MPEG 压缩编码方法。

表 5－4　几种 MPEG 压缩编码方法

名　称	输出数据率	声道数	主要应用
MPEG－1 audio 层 1	384 kbps	2	小型数字盒式磁带
MPEG－1 audio 层 2	256～192 kbps	2	数据广播、CD－Ⅰ、VCD
MPEG－1 audio 层 3	64 kbps	2	MP3 音乐、Internet
MPEG－2 audio	与 MPEG－1 层 1、2、3 相同	5.1　7.1	同 MPEG－1

3. WAV 格式

WAV 是 Microsoft 公司开发的一种声音文件格式，也叫波形（wave）声音文件，被 Windows 平台及其应用程序广泛支持。WAV 格式有压缩的，也有不压缩的，总体来说，WAV 格式对存储空间需求太大，不便于交流与传播。

4. WMA 格式

WMA（Windows Media Audio）格式是 Microsoft 公司专为互联网上的音乐传播而开发的音乐格式，其压缩率和音质可与 MP3 相媲美。WMA 还可以通过 DRM（Digital Rights Management）方案加入防止拷贝、限制播放时间和播放次数、限制播放器的功能，可有力地防止盗版，保护音乐制作人的权利。

5. RealAudio 格式

RealAudio 是由 Real Networks 公司推出的文件格式，分为 RA（RealAudio）、RM（RealMedia，RealAudioG2）、RMX（RealAudio Secured）等三种。它们最大的特点是可以实时传输音频信息，尤其是在网速较慢的情况下，仍然可以较为流畅地传送数据，因此 RealAudio 主要适用于网络上的在线播放。这些文件的共同性在于随着网络带宽的不同而改变声音的质量，在保证大多数人听到流畅声音的前提下，令带宽较宽敞的听众获得较好的音质。

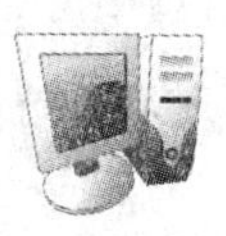

6. 数字语音压缩编码

人的语音信号的带宽为 300～3 400 Hz。由于语音是人们交流的主要媒体，因此对数字语音进行专门的压缩编码十分必要。

在有线电话通信系统中，数字语言在中继线和长途线路上传输时采用的压缩编码方法是 PCM 编码和 ADPCM 编码。它们能保证语音的高质量，且算法简单、容易实现，多年来一直在固定电话通话系统中广泛应用，并且在计算机中也被使用。

在移动通信和 IP 电话中，由于通信信道的带宽较窄，因此必须采用更有效的语音压缩编码，使语音压缩后的码率大约在 4.8 kbps～16 kbps 之间，并能保证较好的语音质量。

5.3.3　声音的获取与播放

1. 声音的获取设备

在个人计算机上，声音的获取设备包括麦克风（话筒）和声卡，麦克风的作用是将声波转换为电信号，然后由声卡进行数字化。如果录制的不是声波信号，而是由其他音源设备（如随身听、CD 唱机、磁带卡座）输出的电信号，则不需要麦克风，直接用信号线将音源设备的线路输出（Line Out）与声卡的线路输入（Line In）插口连接即可。

声频卡简称声卡，是声音处理的主要硬件插卡板，以数字信号处理器（DSP）为核心。DSP 是一种专用的微处理器，可以完成声音的输入（A/D）、处理和输出（D/A）。

声频卡的关键技术包括数字音频、音乐合成、MIDI 和音效。

（1）数字音频，要求必须具有大于 44.1 kHz 的采样频率和 16 位的编码位数；

（2）音乐合成，主要有两种合成技术，FM 合成和波形表合成；

（3）MIDI，是数字音乐的国际标准，它规定了不同厂家的电子乐器和计算机连接的方案及设备之间数据传输的标准；

（4）音效，即在硬件上实现回声、混响等各种效果。

随着大规模集成电路技术的发展，目前大多数个人计算机的声卡已与主板集成在一起，不再做成独立的插卡。

除了利用声卡进行在线（on-line）声音获取之外，也可以使用数码录音笔进行离线（off-line）声音获取，然后再通过 USB 接口直接将已经数字化的声音数据从数码录音笔送入计算机中。

2. 声音的播放

计算机输出声音的过程通常分为两步：首先将声音从数字形式转换为模拟信号形式，这个过程称为声音的重建；然后再将模拟声音信号经过处理和放大到音箱发出声音。

声音的重建是声音信号数字化的逆过程，分为三个步骤：先进行解码，把压缩编码的数字声音恢复为压缩前的状态；然后再进行数模转换，把声音样本从数字量转为模拟量；最后进行插值处理，把时间上离散的一组样本转换为在时间上连续的声音信号。

声音的重建也是由声卡完成的。

现在出现了一种新型的数字音箱，这种音箱一般通过 USB 接口直接接收数字声音信号，音箱自己完成声音的重建，这样可以避免信号在传输中发生畸变和受到干扰，其音响效果更加突出。

5.3.4 声音的编辑

声音经过数字化后，可使用声音编辑软件对其进行各种编辑处理。声音编辑软件一般具有以下功能：

1. 录制声音。将用户通过麦克风输入的模拟声音信号进行数字化。

2. 基本编辑操作。例如声音的剪辑(删除、移动、复制、插入空白等)、音量调节(提高或降低音量、淡入淡出处理等)、声音的返转、持续时间的压缩和拉伸、消除噪音、声音的频谱分析等。

3. 声音的效果处理。包括混响、回声、延迟、频率均衡、和声、动态效果、升降调、颤音等。

4. 格式转换功能。将不同取样频率和量化位数的声音进行转换，将不同文件格式的声音进行转换。

5. 其他功能。如分轨录音、为影视配音等。

具有声音编辑功能的软件都具有声音捕捉功能(即录音功能)，Windows 附件中的“录音机”和“Movie Maker”程序都可以用来录音，前者生成 WAV 格式的文件，后者生成 WMA 格式的文件。另外一些常用的声音编辑软件有 CoolEdit、GoldWave、Audio Editor 等。

5.3.5 计算机合成声音

以上提到的声音称为波形声音，无论是数字化之前还是之后，压缩之前还是之后，实质上都是通过记录声波的振幅随时间变化来实现的。波形声音绝大多数来自真实的音源，如乐队的演奏、歌手的唱歌和自然的声响等。除此之外，计算机还能产生电子音乐和电子语音，这些声音是计算机制造出来的，不需要有原始声音。

1. MIDI 音乐

MIDI(Musical Instrument Digital Interface)，即乐器数字接口，是 20 世纪 80 年代初为解决电声乐器之间的通信问题而提出的。MIDI 传输的不是声音信号，而是音符、控制参数等指令，它指示 MIDI 设备要做什么、怎么做，如演奏哪个音符、多大音量等。它们被统一表示成 MIDI 消息。每个 MIDI 消息描述一个音乐事件(如开始演奏某个音符、结束演奏某个音符、选择音符的音色、改变演奏速度等)，一首乐曲所对应的全部 MIDI 消息组成单独的 MIDI 音乐文件。也就是说，MIDI 音乐文件记录的不是声音，而是发给 MIDI 设备让它产生声音或执行某个动作的指令。

个人计算机的声卡上一般带有音乐合成器，它能模仿许多乐器生成各种不同音色的音符。目前，声卡上的音乐合成器有两种：一种是调频合成器，另一种是波表合成器。后者较前者音色更优美，效果更好。

计算机在播放 MIDI 音乐时，将 MIDI 消息发送给声卡上的音乐合成器，由音乐合成器解释并执行 MIDI 消息所规定的操作，合成出各种音色的音符，通过扬声器播放出乐曲来。

由个人计算机、声卡、MIDI 演奏器和音序器软件等构成的个人电脑音乐系统，彻底

改变了传统的音乐制作方式。原来需要由多人才能完成的工作现在只需要一个人即可，记录音乐的方式也由乐谱变成 MIDI 文件，它的数据量很小，并且更易于编辑。MIDI 音乐与高保真的波形声音相比，音质上还有一些差距，并且无法合成出所有的声音，如人的语音。

2. 语音合成

语音合成又称为文语转换（Text To Speech，简称 TTS），是由计算机将文本内容（书面语言）转换为自然语音的技术。TTS 技术在股票交易、航班查询、电话银行、自动报警、残疾人服务等多方面都有应用和广泛的发展前景。

TTS 是一个十分复杂的系统，涉及语言学、语音学、信号处理、人工智能等诸多学科。目前的 TTS 系统一般能够较为准确清晰地朗读文本，但是不太自然，所以 TTS 最根本的问题便在于它的自然度。在汉语 TTS 系统中，还要着重解决的是汉字的多音字问题。

5.4 视频

视频（Video）是指内容随时间变化的一个图形序列，也称为运动图像。视频能传输和再现真实世界的图像和声音，也能配上相应的文字，是当代最有影响力的信息传播工具。

5.4.1 模拟视频与数字视频

视频技术就是将一幅幅独立的图像组成的序列按一定的速度连续播放，利用人眼的视觉暂留特点在眼前形成连续运动的画面。

在视频技术中，每幅独立的图像称为一帧（Frame），帧是构成视频信息的基本单元。为了形成连续不断的画面，通常每秒钟播放 25 帧或 30 帧。

视频可以分为模拟视频和数字视频。模拟视频是指其信号在时间和幅度上都是连续的信号，例如普通电视机、录像机和摄像机中采用的是模拟视频。数字视频简称 DV（Digital Vedio），是指以数字化的方式表示连续变化的图像信息。

1. 模拟视频

传统的模拟电视节目是先将图像的 RGB 颜色分量转换为 YUV 颜色分量，通过无线发射或有线网络传送给电视机，再转换为 RGB 颜色分量，通过红、绿、蓝三色电子枪在荧光屏上显示出图像。

(1) YUV 颜色模型

在 YUV 颜色模型中，Y 表示亮度信号，U、V 表示色度信号。因为人眼对色度信号不太敏感，所以可以相应地节省一些电视信号的带宽和发射功率。另外，将亮度和色度分开，也有利于兼容彩色和黑白电视，黑白电视机只需要处理 Y 信号。

YUV 颜色模型和 RGB 模型可以相互转换。

(2) 扫描与同步

电子图像是电子束在荧光屏上进行扫描产生的，扫描有隔行扫描和逐行扫描之分。在逐行扫描中，电子束从显示屏的左上角一行接一行地扫到右下角，扫描一遍显示一帧完整的图像。在隔行扫描中，电子束先扫描奇数行，然后再扫描偶数行，因此一帧图像由两次扫描得到，分别称为奇数场和偶数场。

与隔行扫描相比，逐行扫描的显示图像更稳定，被计算机显示器和高档电视机所采用。

世界各国采用的电视制式主要有以下三个，它们具有不同的扫描特性：

① PAL 制式

其特点为：625 行/帧，25 帧/秒，画面宽高比为 4∶3；隔行扫描，2 场/帧。本制式主要用于中国、欧洲、澳大利亚、南非、南美洲。

② NTSC 制式

其特点是：525 行/帧，30 帧/秒，画面宽高比有 4∶3(电视)、3∶2(电影)和 16∶9(高清晰度电视)；隔行扫描，2 场/帧。本制式主要用于美国、加拿大、墨西哥、日本等国家。

③ SECAM 制式

其扫描特性与 PAL 制式类似，差别在于 SECAM 中的色度信号是由频率调制的，两个色差信号是按行的顺序传输的。本制式主要由法国、前苏联、东欧和中东国家和地区使用。

2. 数字视频

1996 年，电视台及其政府管理机构——美国电信委员会(FCC)采用了一个名为数字电视(DTV)的标准，这一标准使用的是数字信号(即一系列的 0 和 1)。DTV 比同等电视要更加清晰，而且不容易受到干扰。现在，人们可以看到很多在大肆进行广告宣传的卫星电视系统与数字光缆电视系统，但是它们并不是数字电视。这些系统采用通常意义上的传播信号，然后为了传输再把信号转变为数字信号，最后通过机顶盒再把数字信号转变回电视机可以使用的同等信号。而真正的数字电视则完全是数字化的——使用数码摄像机、数字传输以及数字接收器。

目前，世界上不少国家正在进行数字化改造，我国也在加紧制定数字电视的标准和电视数字化的时间表，正在逐步从模拟电视向数字电视转换。

PC 机中视频信号数字化的插卡称为视频采集卡，简称视频卡，它能将输入的模拟视频信号(及伴音信号)进行数字化然后存储在硬盘中。数字化的同时，视频图像经过彩色空间转换(从 YUV 转换为 RGB)，然后与计算机图形显示卡产生的图像叠加在一起，用户可在显示器屏幕上指定窗口中监看(监听)其内容。

另外有一种在线获取数字视频的设备是数字摄像头，它通过光学镜头和 CMOS(或 CCD)器件采集图像，然后直接将图像转换成数字信号并输入到 PC 机，不再需要使用专门的视频采集卡。

数字摄像头分辨率一般为 640×480(30 万像素)或 800×600(50 万像素)，速度在每秒 30 帧左右，镜头的视角可达到 45°～60°。数字摄像头的接口大多采用 USB 接口，有些采用高速的 IEEE1394 接口。

数字摄像机是一种离线的数字视频获取设备。它的原理与数码相机类似，但具有更多的功能。所拍摄的视频图像及记录的伴音使用 MPEG 进行压缩编码，记录在磁带或者硬盘上，需要时再通过 USB 或 IEEE1394 接口输入计算机处理。

5.4.2 数字视频压缩编码

数字视频的数据量非常大，无论是存储、传输还是处理都有很大的困难，所以必须对视频数据进行压缩。由于视频信息中画面内部有很强的信息相关性，相邻画面的内容又有高度的连贯性，再加上人眼的视觉特性，视频信息的数据量可以压缩几十倍甚至几百倍。

国际标准化组织和各大公司都积极参与视频压缩标准的制定，并且已推出大量实用的视频压缩格式。

1. AVI格式

AVI(Audio Video Interleaved，音频视频交错)格式是将语音和影像同步组合在一起的文件格式。它于1992年被Microsoft公司推出，随Windows 3.1一起被人们所认识和熟知。它对视频文件采用了一种有损压缩方式，压缩比较高，因此尽管画面质量不是太好，但其应用范围仍然非常广泛。AVI支持256色和RLE压缩。AVI信息主要应用在多媒体光盘上，用来保存电视、电影等各种影像信息。其缺点是体积过于庞大，而且压缩标准不统一，最普遍的现象就是高版本Windows媒体播放器播放不了采用早期编码编辑的AVI格式视频，而低版本Windows媒体播放器又播放不了采用最新编码编辑的AVI格式视频。

2. MOV格式

MOV即QuickTime影片格式，它是Apple公司开发的音频、视频文件格式，用于存储常用数字媒体类型，如音频和视频。当选择QuickTime(*.mov)作为“保存类型”时，动画将保存为.mov文件。

QuickTime用于保存音频和视频信息，现在它被包括Apple Mac OS，Microsoft Windows 95/98/NT/2003/XP/Vista，甚至Windows 7在内的所有主流电脑平台支持。

3. MPEG格式

MPEG(Moving Picture Group，运动图像专家组)格式是运动图像压缩算法的国家标准，它采用了有损压缩方法从而减少运动图像中的冗余信息。目前MPEG格式有三个压缩标准，分别是MPEG-1、MPEG-2、MPEG-4，另外MPEG-7和MPEG-21也制订完毕，它们主要解决视频内容的描述、检索，不同标准之间的兼容性、版权保护等方面的问题。

(1) MPEG-1制定于1992年，它是针对1.5Mbps以下数据传输率的运动图像及其伴音而设计的国际标准。它也就是通常所见到的VCD光盘的制作格式。这种视频格式的文件扩展名包括“.mpg”、“.mpe”、“.mpeg”及VCD光盘中的“.dat”文件等。

(2) MPEG-2制定于1994年，设计目标为高级工业标准的图像质量以及更高的传输率。这种格式主要应用在DVD/SVCD的制作方面，同时在一些HDTV(High Definition TV，高清晰电视)和高质量视频编辑、处理中被应用。这种视频格式的文件扩展名包括“.mpg”、“.mpe”、“.mpeg”、“.m2v”及DVD光盘上的“.vob”文件。

(3) MPEG-4制定于1998年，MPEG-4是为了播放流式媒体而专门设计的，它可利用很窄的带宽，通过帧重建技术来压缩和传输数据，以求使用最少的数据获得最佳的图

像质量。MPEG－4最有吸引力的地方在于它能够生成接近于DVD画质的小体积视频文件。这种视频格式的文件包括“.asf”、“.mov”、“.divx”和“.avi”等。

4. ASF格式

ASF(Advanced Streaming Format,高级串流格式)是Microsoft为Windows 98所开发的串流多媒体文件格式。ASF是微软公司Windows Media的核心。这是一种包含音频、视频、图像以及控制命令脚本的数据格式。

ASF是一个开放标准,它能依靠多种协议在多种网络环境下支持数据的传送。ASF文件的内容既可以是我们熟悉的普通文件,也可以是一个由编码设备实时生成的连续的数据流,所以ASF既可以传送人们事先录制好的节目,也可以传送实时产生的节目。

5. WMV格式

WMV是微软推出的一种流媒体格式,它是在“同门”的ASF格式升级延伸而来。在同等视频质量下,WMV格式的体积非常小,因此很适合在网上播放和传输。WMV格式的主要优点包括:本地或网络回放,可扩充的媒体类型,部门下载,流的优先级化,多语言支持,环境独立性,丰富的流间关系及扩展性。

6. RM格式

Real Networks公司所制定的音频视频压缩规范称为Real Media,用户可以使用RealPlayer或RealOnePlayer对符合RealMedia技术规范的网络音频/视频资源进行实况转播。并且,RealMedia可以根据不同的网络传输速率制定出不同的压缩比率,从而实现在低速率的网络上进行影像数据实时传送和播放。

这种格式的另一个特点是用户使用RealPlayer或RealOnePlayer播放器可以在不下载音频/视频内容的条件下实现在线播放。另外,RM作为目前主流网络视频格式,还可以通过其RealServer服务器将其他格式的视频转换成RM视频并由RealServer服务器负责对外发布和播放。RM和ASF格式可以说各有千秋,通常RM视频更柔和一些,而ASF视频则相对清晰一些。

7. RMVB格式

RMVB是一种由RM格式延伸出的新视频格式,它的先进之处在于打破了RM格式平均压缩采样的方式。在保证平均压缩比的基础上合理利用比特率资源,静止和动作场面少的画面场景采用较低的编码速率,这样可以留出更多的带宽空间,而这些带宽会在出现快速运动的画面场景时被利用。这样在保证了静止画面质量的前提下,大幅地提高了运动图像的画面质量,从而在图像质量和文件大小之间达到平衡。

RMVB格式在相同压缩品质的情况下,文件较小,而且还具有内置字幕和无需外挂插件支持等独特优点。

5.4.3 数字视频的编辑与播放

数字视频的编辑是指先用摄影机摄录下预期的影像,再在电脑上用视频编辑软件将影像制作成碟片的编辑过程。

数字视频编辑软件的功能主要有:

1. 视频捕捉。将来自摄像机、电视机、影碟机的视频内容输入计算机,数字化并压缩

为计算机文件。

2. 视频剪辑。该功能将多种素材截取、拼接。

3. 格式转换。支持多种视频压缩标准，可以生成多种压缩率、分辨率的视频文件，并可以将静态照片转换为幻灯片播放效果的视频内容。

4. 添加菜单、字幕和各种切换特技。

5. 可用于 VCD、DVD 影碟制作和刻录。

目前，常用的视频编辑软件有 Windows XP 附件中的 Movie Maker、Adobe Premiere、Ulead Media Studio Pro、Ulead Video Studio（又称“会声会影”）、Final Cut Pro 等。

常用的视频播放软件有 Windows Media Player、Real Player、RealOne Player、暴风影音、QvodPlayer、QuickTime Player 等。这些软件通常都支持众多的视频格式文件，同时支持 CD、VCD、DVD 等音频视频盘片的播放，但功能上各有千秋。

5.4.4 计算机视频

计算机视频是指通过计算机存储、传输、播放的视频内容。因为计算机是数字的，所以计算机视频从开始就是数字化的。

计算机视频主要有以下几种表现方式：

1. 电影或录像剪辑

人们可以将完整的电影文件或片段存放在计算机硬盘上，或者 VCD、DVD 光盘中。VCD 光盘的容量为 650 MB，仅能存放 1 小时分辨率为 352×240 的视频图像，而单面单层 DVD 容量为 4.7 GB，能存放 2 小时接近于广播级图像质量（720×576）的整部电影。且 DVD 采用 MPEG-2 压缩视频图像，画面品质比 VCD 明显提高。

人们可以将数码摄像机拍摄的录像内容通过 IEEE1394 接口导入为计算机视频文件，也可以使用摄像头由 USB 接口录制实时的视频内容。如果计算机中安装了视频采集卡，可以将模拟电视信号、模拟录像带的内容转换为数字视频文件。

2. 计算机动画

计算机动画是采用计算机制作的一系列连续画面。利用计算机可以辅助制作传统的卡通动画片，或通过对物体运动、场景变化、虚拟摄像机及光源设置的描述，逼真地模拟三维景物随时间而变化的过程。这样的动画也可以转换成电视或电影输出，但是其内容不是拍摄自然景观或人物，而是人工创造出来的。

动画的制作要借助于动画制作软件，如二维动画软件 Animator Pro、Macromedia Flash 和三维动画软件 3D StudioMAX、Director 等。

现在，计算机动画与电影、录像之间的界限越来越模糊，电影创作和后期制作过程中越来越多地使用了计算机动画。

3. 交互式视频

交互式视频是指画面上有菜单、按钮等交互元素，用户可以通过鼠标或者键盘来控制播放流程或改变画面内容。交互式视频往往集成了文本、录像、动画、图片、声音等各种媒体素材，主要应用在多媒体教学课件中。

交互式视频主要创建工具是 Macromedia 公司的 Authorware、Director 和 Flash。

4. 网络电视与视频点播

宽带网络和流媒体技术的发展使得通过网络收看电视节目成为可能。视频点播(Video On Demand,简称 VOD)是指用户可以根据自己的需要选择节目,与传统的被动收看电视相比,有了质的飞跃。

网络电视在娱乐、远程教育、网络视频会议、远程监控、远程专家会诊等领域有着广泛的应用前景。

习　题

一、填空题

1. 采用网状结构组织信息,各信息块按照其内容的关联性用指针互相链接起来,使得阅读时可以非常方便地实现快速跳转的一种文本,称为＿＿＿＿＿。

2. 彩色图像最大可能的颜色数目取决于像素深度,那么最大可显示 65 500 色的图像像素深度是＿＿＿＿＿。

3. 黑白图像或灰度图像只有 1 个位平面,彩色图像有＿＿＿＿＿个或更多的位平面。

4. 假设有一个立体声的音频文件,其大小为 2 100 000 KB,采样频率为 32 000 Hz,可以播放 70 分钟,则该音频文件的量化位数为＿＿＿＿＿bit。

二、选择题

1. 汉字的键盘输入方案数以百计,能被普通用户广泛接受的编码方案应＿＿＿。

① 易学习　② 易记忆　③ 效率高　④ 容量大　⑤ 重码少

A. ①②③　　B. ①②⑤　　C. ①②③⑤　　D. ①②③④⑤

2. 下面关于汉字编码的说法中错误的是＿＿＿。

A. GB2312 字符集中汉字的编码都是使用 2 个字节来表示的

B. GBK 字符集既包括简体汉字,也包括繁体汉字

C. GB18030 是一种既保持与 GB2312、GBK 兼容,又有利于向 UCS/Unicode 过渡的汉字编码标准

D. 我国台湾地区使用的是 GBK 汉字编码

3. 文本输出过程中,文字字形的生成是关键。下面的叙述中正确的是＿＿＿。

A. Windows 中采用的字形描述方法是轮廓描述

B. Word 可以显示和打印汉字是因为它配置了西文字库

C. Word 配置的每一种字库都有相同数量的字形信息

D. 字库是不同字体的所有字符的形状描述信息的集合

4. 用扫描仪扫出的图像文件格式是＿＿＿。

A. BMP　　B. TIF　　C. JPG　　D. GIF

5. 下列＿＿＿是目前因特网和 PC 机常用的有损压缩图像文件格式。

A. BMP　　B. TIF　　C. JPG　　D. GIF

6. 数字波形声音获取过程的正确步骤依次是______。

A. 解码、D/A 转换、编码　　B. 取样、模数转换、编码

C. 取样、量化、编码　　D. 插值、D/A 转换、编码

7. 对带宽为 300～3 400 Hz 的语音，若采样频率为 8 kHz、量化位数为 16 位、单声道，则其未压缩时的码率约为______。

A. 64 kb/s　　B. 64 kB/s

C. 128 kb/s　　D. 128 kB/s

8. 数字视频信息的数据量相当大，对存储、处理和传输都有极大的负担，为此必须对数字视频信息记性压缩。目前 DVD 影碟上存储的数字视频采用的压缩编码标准大多是______。

A. MPEG－1　　B. MPEG－2　　C. MPEG－4　　D. MPEG－7

三、判断题

1. GB2312 汉字编码标准完全兼容 GB18030、GBK 标准。（　）

2. GIF 格式的图像是一种在因特网上大量使用的数字媒体，它的颜色数目较少，每个像素仅需 8 个二进位表示。（　）

3. 数字信号处理器在完成数字声音的编码、解码及声音编辑中起重要作用。（　）

4. GB18030 包含了中文简体字符、繁体字符、日韩文字符、拉丁文字符等多国语言字符的编码，并可兼容 GB2312、GBK、UCS/Unicode 字符集编码。（　）

5. 麦克风和声卡都是声音的获取设备。（　）

四、简答题

1. GB2312、GBK 和 GB18030 三种汉字编码标准有什么联系和区别？

2. ASCII 码是什么？与汉字编码有什么区别？

3. 取样图像是怎样获取的？分为哪几个步骤？有哪些专用的设备？

4. 常用的图像文件类型有哪些？各有什么特点？适合哪些应用？

5. 数字波形声音的码率如何计算？全频带声音的压缩编码有哪些常用标准？

6. MPEG—1、MPEG—2、MPEG—4 等视频压缩编码标准各有什么应用？

第6章 信息系统与数据库技术

21世纪人类已经进入信息时代，随着信息技术的高速发展，信息系统在人类生产、社会生活中扮演着越来越重要的角色。它已不单是用来支持组织的日常管理与业务活动的工具，而且成为促进组织变革、进行制度创新与知识创新的一种战略手段。本章将介绍信息系统和数据库相关的基本知识及信息系统的开发方法、主要应用。

6.1 信息系统

6.1.1 信息系统概述

信息系统是一个以人为主导，利用计算机硬件、软件、网络通信设备以及其他办公设备，进行信息的获取、转换、存储、组织、加工、传输、更新和维护，按照一定的应用目标和规划，以提高组织效益和效率为目的，能为管理决策者提供信息服务的人机系统。

所谓组织是指一群为完成共同目标而在一起工作的人。组织可以完成各种各样的日常任务。例如，提供银行服务、销售产品等。通过提供商品和服务来获得利润的组织称为企业。有的组织不是为了积累利润，而是为了完成政治、社会或者慈善目标而建立的，这样的组织称为非营利组织。

信息系统的任务是加速组织中的信息流动，完成各种信息处理活动以支持各类管理人员的信息需求。

1. 信息系统的特征

信息系统是在数据处理系统上发展起来的，是一种运用现代管理方法和技术手段为管理决策服务的一个集成系统。其主要特征是：

(1) 信息系统是一种综合系统。它集多学科知识与信息、通信设备与网络及软硬件系统为一体。

(2) 信息系统中数据高度集中。以数据库和计算机网络系统为中心快速处理数据和信息，并为多用户提供共享。

(3) 面向管理、支持决策、有预测能力，能根据管理的需要，及时提供相应的信息，能够对系统中的数据和信息进行分析，预测未来，提供决策支持。

(4) 信息系统是一个人机系统。各级管理人员既是系统的使用者，又是系统的组成

部分，充分发挥人和计算机各自的长处，可使系统的整体性能达到最优。

2. 信息系统的作用

随着数据库技术、网络技术、通信技术的迅猛发展和科学管理的推广以及计算机在管理上日益广泛的应用，信息系统逐渐成熟起来，已成为企业现代化的重要标志之一。其作用主要体现在以下几个方面：

(1) 信息系统可促使企业向信息化方向发展，使企业处于一个信息灵敏、管理科学、决策准确的良性循环之中，为企业带来更高的经济效益。

(2) 信息系统的开发和建立使企业摆脱了落后的管理方式。信息系统将管理工作规范化、统一化、现代化，极大地提高了管理的效率，使现代化管理形成统一、高效的系统。

(3) 以计算机为信息处理手段，以现代化通信设备为基本传输工具，信息系统将大量复杂的信息处理交给计算机，使人和计算机充分发挥各自的特长，组成了一个和谐、有效的系统，为现代化管理带来了便捷。

(4) 信息系统对企事业单位的作用更在于加快了信息的采集、传送及处理速度，实现了数据的共享，及时地为各级管理人员提供所需的信息，为他们决策提供了支持。

(5) 信息系统改变了人们相互交流和联络的方式，尤其在大量数据处理、交换和通讯的环境下。及时交换意见和信息，协调相互间的配合，对企业的经营生产活动尤为重要。近年来发展迅速的电子商务即是这方面的典型事例。

6.1.2　信息系统的组成

一般来说，信息系统由系统资源、应用软件、系统管理员和用户等组成。其中，系统资源是开发和应用信息系统的基础。资源包括硬件和软件两大部分。硬件包括计算机及其外部设备、计算机网络、通信设备及线路、办公自动化设备等。软件包括操作系统、数据库管理系统、程序设计语言、网络软件及各类工具软件等。

应用软件是利用计算机资源开发的、能完成用户业务需求的程序系统。信息系统应用软件可以由若干个子系统组成，并且可以根据需要进一步划分为若干个子子系统。每个子系统或子子系统对应一个功能模块。然后根据模块的要求编制程序。这部分内容是信息系统设计及使用时的最主要部分。

系统管理员是信息系统成功应用的关键。主要是通过数据库管理系统完成对信息的输入、处理、管理、检索、分析和输出等操作。

用户是信息系统所服务的对象，也是信息系统的使用者。

6.1.3　信息系统的分类

信息系统按照服务对象的不同又可以分为三个层次的系统，如图 6－1 所示。

计算机信息系统
- 操作层系统
  - 事务处理系统
  - 办公自动化系统
- 管理层系统⟶管理信息系统
- 决策层系统⟶决策支持系统

图 6－1　信息系统的分类

1. 操作层系统

操作层系统主要面向操作层用户，为操作者提供基本事务处理和交易跟踪信息，目的是解决常规事务流程问题及日常管理业务数据的记录、查询和处理。操作层系统又分为事务处理系统和办公自动化系统。

(1) 事务处理系统

事务是一种完整的事件，是一个最小的工作单元，事务不论成功与否都作为一个整体进行工作。如人们在图书馆借书时，就参与到了一个事务中，借书就是一个事务。事务通常表现为一系列的步骤，利用信息系统可以处理所有这些步骤，而面向日常事务、完成事务处理和跟踪的系统被称为事务处理系统。事务处理系统通常将收集到的数据存储在数据库中，它们可以用于生成定期的报告列表。如图书馆每日、每月的借书量、还书量，图6-2显示了一个典型的事务处理系统中的处理过程。

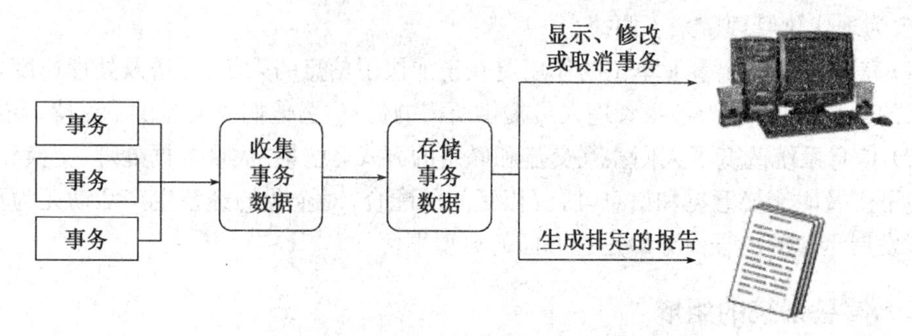

图6-2　事务处理系统中的处理过程

事务处理系统的主要任务是收集、显示、修改、存储、列举事务。其特征是能完全按照事先制定的规则或程序进行，功能单一，涉及范围小。由于不同单位处理的事务不同，要求管理信息系统的逻辑模型也不同，但基本处理对象都是管理事务信息，因而要求系统具有很高的实时性和数据处理能力。其重要性在于帮助监督管理人员做出业务决策。

(2) 办公自动化系统

办公自动化系统是一种融合了多种技术的计算机信息系统，用于加工、管理和传递办公信息，帮助用户更有效地处理与信息有关的任务，利用办公自动化工具可以减少处理日常事务所需要的时间和人力，使工作人员有更多的时间处理更重要的工作。因此，一个完整的信息系统都应包含办公自动化系统组件。办公自动化系统主要含有信息采集、信息加工、信息传输、信息保存四个基本环节，其核心任务是向它的各层次的办公人员提供所需的信息。办公自动化系统能够通过网络把各种技术集成起来，提供给整个组织使用。如文字处理、电子表格、电子邮件、语音邮件、传真、图像处理及台式印刷系统等。有时为了办公任务的处理需求，这些技术可以交替使用。

2. 管理层系统

与操作层系统相比较，管理层系统更强调管理方法的作用，强调利用信息来分析组织的经营运转情况，对组织经营活动的各个细节进行分析、预测和控制，以科学的方法优化对各种资源的分配，并合理地组织经营活动。

管理层系统主要面向服务于监督、控制、决策的中层管理者，为他们提供管理所需要的各种信息，具有计划、预测、控制和辅助决策等功能。

管理层系统的核心是管理信息系统。管理信息系统是一个由人、计算机、通信设备等硬件和软件组成的，能进行管理信息的收集、加工、存储、传输、维护和使用的人机系统。其特点是它所处理的信息是面向企业内部已发生的数据流，信息的需求是稳定的、已知的，主要针对企业中各种事务的全面集成的管理过程，因此管理信息系统把事务处理作为自身的一个功能。事务处理系统生成报表的能力是有限的，而管理信息系统能够生成更加详细的，能够帮助管理者理解和分析数据，用来处理结构化任务和生成日常任务的定期报告。例如，图书管理系统中提供的每日、每月图书借还数量的汇总报告能够为管理员决策和控制提供依据，以达到提高管理水平的目的。

3. 决策层系统

决策层系统的核心是决策支持系统。决策支持系统是管理信息系统应用概念的深化，是在管理信息系统的基础上发展起来的系统。其基本结构由数据库、模型库、方法库和知识库以及可能进行实时处理的计算机网络系统组成，如图 6－3 所示。

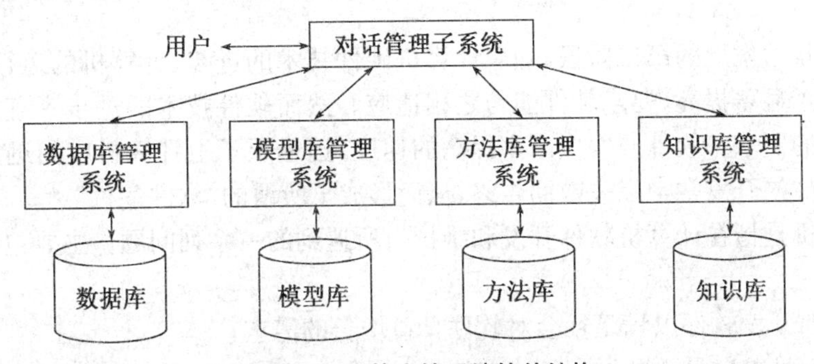

图 6－3　决策支持系统简单结构

决策层系统的主要特征是：

(1) 面向决策者。决策支持系统主要是面向高层管理人员，能够在复杂的、迅速变化的外部环境中，给各级管理人员或决策者提供相关的信息资料。

(2) 分析能力强。决策支持系统把模型、分析技术与传统的数据处理技术相结合，具有较强的分析数据的能力，可以处理不同来源的大量数据。为决策者提供各种可靠方案，检验决策者的要求和设想，从而达到支持决策的目的。

(3) 支持最优化。能够在众多方案中帮助决策者找到较好的解决方案，并提供了方便用户使用的接口。

(4) 以知识系统作为基础。决策支持系统中具有与决策问题有关的各种专门知识和经验的知识库，及各种以一定的组织形式存储于模型库中的数学模型和经济管理模型与方法，以备灵活调用。由数据库、模型库、方法库和知识库组成的知识系统是决策支持系统的基础。

(5) 强调支持作用。决策支持系统只能提供决策支持，不能代替人做出最后的决定。广泛地建立和应用决策支持系统，将极大地提高决策的科学水平。

6.2 软件工程

进入21世纪以来,信息系统开发已经逐步走向成熟。规范的开发过程管理、科学的开发方法的运用使得所开发的系统不断地满足了应用部门各项业务处理的需求,信息系统开发正朝着模块化、智能化和管理科学化的趋势发展。随着企业对信息化建设要求的不断提高,企业信息系统的建设也正在从基础系统应用向综合系统应用过渡,因此要求开发人员既要懂得开发技术、掌握开发工具、具有很强的开发能力,同时还要在开发过程中提供全方位的服务,其中包括方案咨询、软件开发、用户培训、个性化开发及可持续化的系统改进等。

6.2.1 软件工程概述

1. 软件危机

计算机软件技术从50年代起至今大致经历了程序设计、程序系统、软件工程三个发展阶段。

在软件技术发展的第二阶段,随着计算机硬件技术的进步,计算机的运行速度、容量和可靠性有了显著提高,要求软件能与之相适应。然而软件技术的进步一直未能满足社会发展提出的要求。软件开发生产率提高的速度,远远跟不上计算机应用迅速普及深入的趋势。软件的开发常常以失败而告终,从而形成了所谓的"软件危机"。

软件危机是指在计算机软件开发和维护时所遇到的一系列问题。主要包含两方面的问题:

(1) 如何开发软件以满足社会对软件日益增长的需求;

(2) 如何维护数量不断增长的已有软件。

2. 软件危机产生的主要原因

(1) 软件开发过程没有统一的、公认的方法论和规范指导,忽视需求分析,使开发出来的软件与实际应用要求不符;

(2) 缺乏有关软件开发数据的积累,事先难以精确估计项目所需的经费和时间,使得开发工作的计划很难制定;

(3) 开发人员缺乏与用户之间的信息交流,系统存在漏洞,使质量难以保证;

(4) 由于软件的规模庞大、复杂性高致使软件的维护出现了很大的困难;

(5) 与硬件相比,软件成本在计算机系统总成本中所占的比例逐年上升;

(6) 软件缺少有关的文档资料。

以上问题积累起来,形成了日益尖锐的矛盾。如果这些障碍不能清除,软件的发展将面临很大的困境。

3. 软件工程

软件危机的出现,使得人们开始寻找产生危机的内在因素,发现主要为两个方面的原因:一方面是软件开发本身存在着复杂性,另一方面是与软件开发所使用的方法和技术以及管理方式有关。

软件工程正是为克服软件危机而提出的一种概念，人们认识到要根据软件产品的特点从管理和技术方面研究软件开发的方法。1968 年北大西洋公约组织(NATO)在联邦德国召开的一次会议上首次提出“软件工程”一词，这次会议被看作是软件发展史上一个重要的里程碑。

软件工程是指采用工程的概念、原理、技术和方法来开发与维护软件，把经过时间考验而证明正确的管理技术和当前能够得到的最好的技术方法结合起来，经济地开发出高质量的软件并有效地维护它。

4. 软件工程的三个要素

软件工程包括三个要素：方法、工具和过程。

(1) 软件工程方法为软件开发提供了“如何做”的技术。它包括了完成软件开发任务的技术方法。如项目计划与估算、软件系统需求分析、数据结构、系统总体结构的设计、算法过程的设计、编码、测试以及维护等。

(2) 软件工程工具是指为了支持软件人员开发和维护活动而使用的软件。为软件工程方法提供了自动的或半自动的软件支撑环境。目前，已经推出了许多软件工具，如设计工具、维护工具等，这些软件工具集成起来形成了一个软件工程环境。

(3) 软件工程过程是为获得软件产品，在软件工具的支持下由软件工程师完成的一系列软件工程活动，规定了完成任务的工作阶段、工作内容、产品、验收的步骤和完成准则。过程定义了方法使用的顺序、要求交付的文档资料、为保证质量和协调变化所需要的管理。

6.2.2　软件工程的研究内容

1. 软件工程活动及原则

围绕工程设计、工程支持以及工程管理，软件工程活动主要包括需求、设计、实现、确认和支持等活动，每一活动应根据特定的软件工程，掌握以下要点：

第一，选取恰当的开发模型。在系统设计中，根据软件开发的项目、类型、环境选择适当的开发模型，以保证开发的产品满足用户的要求。

第二，采用合适的设计方法。在软件设计中，通常需要考虑软件的模块化、信息隐蔽、局部化、一致性以及适应性等问题。合理的设计方法有助于问题的解决和实现，以达到软件工程的目标。

第三，提供高质量的工程支持。在软件工程中，软件工具与环境对软件过程的支持非常重要，是提高软件设计的质量和生产效率，降低软件开发和维护成本的有力保障。

第四，重视开发过程的管理。在软件开发中，很好地定义和管理其软件开发过程，能使好的开发方法和技术有效地结合起来。只有既重视软件技术的应用，又重视软件工程的支持和管理，并在实践中贯彻实施，才能有效利用可用资源，提高软件组织的生产能力，高效地开发出高质量的软件。

软件工程的主要原则是：生产具有正确性、可用性以及开销合宜性的产品。正确性是指软件产品达到预期功能的程度。可用性指软件基本结构、实现及文档为用户可用的程度。开销合宜性是指软件开发、运行的整个开销满足用户要求的程度。这些原则的实现形成了对过程、过程模型及工程方法选取的约束条件。

2. 软件工程的基本目标

(1) 软件开发付出较低的成本；

(2) 软件功能能够满足用户的实际应用需求；

(3) 取得较好的软件性能；

(4) 开发的软件易于使用、移植；

(5) 需要较低的维护费用；

(6) 能按时完成开发工作，及时交付使用。

在具体项目的实际开发中，要使以上几个目标都达到理想的程度往往是非常困难的，图 6-4 表明了软件工程目标之间存在的相互关系。

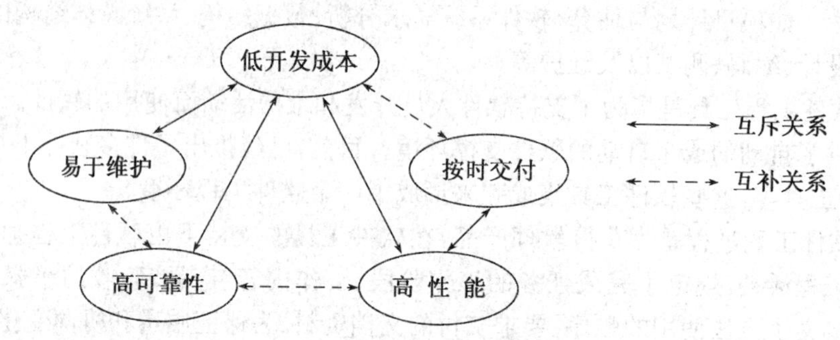

图 6-4　软件工程目标之间的相互关系

其中有些目标之间是互补关系，例如，易于维护和高可靠性之间，低开发成本与按时交付之间。还有一些目标是彼此互斥的，例如，低开发成本与软件可靠性之间，提高软件性能与软件的低开发成本之间，就存在冲突。

3. 软件工程的研究内容

为了开发出高质量的软件，软件工程的研究内容应主要围绕以下几个方面：

(1) 展开对软件开发环境、软件生产工具系统、软件生产方式、软件生产过程和产品质量保证的系统研究；

(2) 围绕具体软件项目，开展有关开发模型、方法、标准与规范的研究；

(3) 围绕项目管理进行费用估算、文档复审等方法的研究；

(4) 围绕开发过程和质量进行的软件工程管理的研究，如规划的制定、人员的组成、成本的估算、质量的评价等；

(5) 对已开发的软件如何延长软件的使用寿命的方法和易于维护的方法的研究。

6.2.3　典型的软件开发模型

软件开发模型是从一个特定的角度表现一个过程，主要根据软件的类型、规模，特别是软件的开发方法、开发环境等多种因素确立开发模型。常用的有瀑布模型和快速原型模型。

1. 瀑布模型

瀑布模型的整个过程大致划分为三个阶段，即定义阶段、开发阶段和维护阶段。同时也可细分为：制定开发计划，进行需求分析和说明，软件设计，程序编码，测试及运行维护等子阶段，如图 6－5 所示。瀑布模型规定了它们自上而下，相互衔接的固定次序，如同瀑布流水，逐级下落。

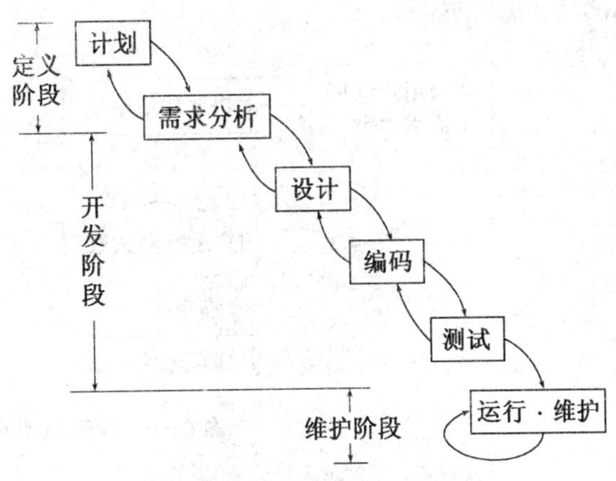

图 6－5　软件开发的瀑布模型

瀑布模型要求开发过程的每个阶段结束时要进行复审，复审通过才能继续进行下一项活动，在图 6－5 中用向下的箭头表示；否则要进行修改或回到前面的阶段进行返工，在图 6－5 中用向上的箭头表示。

(1) 瀑布模型的特点

① 每一阶段和步骤均有明确的目标，任务明确，各阶段的工作以线性顺序展开。

② 以上一项开发活动的结果作为下一项活动的输入，从而完成相应的工作内容。

③ 对每一项目活动的工作成果进行评审。只有工作得到确认，才能继续进行下一项的开发活动。这有利于整个项目的管理与控制。

(2) 瀑布模型存在的问题

① 各阶段之间划分完全固定，阶段间将产生大量的文档，这极大地增加了工作量。

② 由于开发模型呈线性，所以当开发成果尚未经过测试时，用户无法看到软件的效果。这样，软件与用户见面的时间较长，往往会导致开发出来的软件不是用户真正需要的软件。

③ 由于固定顺序，前期工作中造成的差错传到后面的开发活动中，可能会扩散，甚至造成较大的损失。

④ 由于开发周期长，难以适应环境变化。对于一个比较大的系统，开发工作可能需要 2～3 年，在此期间，用户的要求会越来越高，环境的变化可能使原提出的配置、设计要重新考虑。

2. 快速原型模型

常有这种情况，用户定义了系统的一般性目标，但不能标识出详细的输入、处理及输出需求；还有一种情况，开发者可能不能确定算法的有效性、操作系统的适应性或人机会话界面的形式。这时快速原型模型可能是最好的选择。

原型是指模拟某种产品的原始模型，软件开发中的原型是软件的一个早期可运行的版本，它反映了最终系统的重要特性。

快速原型模型是在开发真实系统之前，构造一个原型，在该原型的基础上，逐渐完成整个系统的开发工作。快速原型模型的第一步是建造一个快速原型，完成用户需求的主要功能，通过用户与系统的交互，对原型进行评价，进一步细化待开发软件的需求，通过反

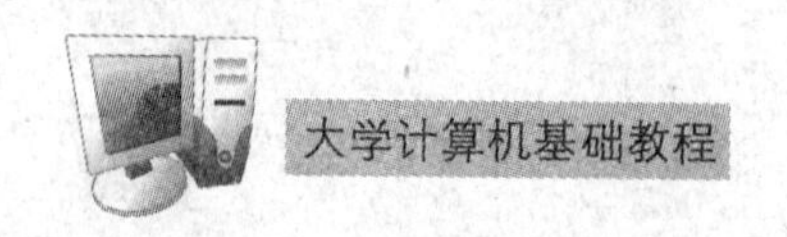

复调整原型使其满足用户的要求；第二步则在第一步的基础上开发客户满意的软件产品，如图 6 - 6 所示。

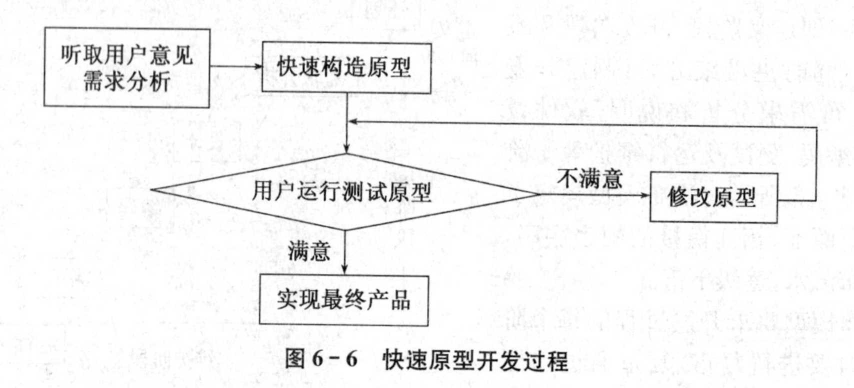

图 6 - 6　快速原型开发过程

(1) 快速原型模型的特点

① 软件在该模型中是“逐渐”开发出来的。该模型有较大的灵活性，适合于软件需求不明确、设计方案有一定风险的软件项目。

② 增进软件人员和用户对系统服务的理解，使比较含糊的、具有不确定的软件需求逐步明确化。

③ 原型法开发周期短，使用灵活，能够及早为用户提供有用的产品，及早地发现问题，随时纠正错误，从而减少对软件测试和调试的工作量，降低成本，缩短开发周期。

(2) 快速原型模型存在的问题

① 缺乏丰富而强有力的软件工具和开发环境，所选用的开发技术和工具不一定符合主流的发展。

② 对于一个大型的系统，如果不经过系统分析来进行整体性划分，想要直接用屏幕来一个一个的模拟是很困难的。

③ 对于大量运算的、逻辑性较强的系统模块，原型法很难构造出模型来供人评价。

④ 快速建立起来的系统结构加上连续的修改会使系统产生易变性，对测试有一定影响。

6.3　信息系统开发方法

用系统工程的方法开发信息系统的具体方法有结构化生命周期法、原型法、面向对象的方法和计算机辅助软件工程(CASE)法等。

6.3.1　结构化生命周期法

任何系统都有一个产生、发展、成熟、消亡(更新)的过程。它在使用过程中随着环境和需求的变化，要不断维护、修改，不断地更新系统，用新系统代替老系统。生命周期就是指系统从问题定义开始到该系统不再能使用为止的整个时期。

信息系统的结构化生命周期法的依据是软件开发模型中的瀑布模型，它把信息系统

的开发过程划分为五个阶段，即系统规划、系统分析、系统设计、系统实施、系统维护，如图 6－7 所示。

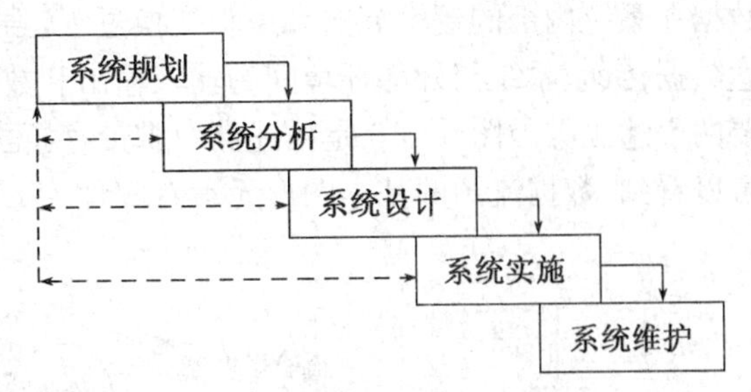

图 6－7　结构化生命周期法流程

结构化生命周期法的基本思想是采用自顶向下，逐层分解的分析法来定义整个系统，将复杂的系统分解成简单的、能够清楚地被理解和表达的若干个子系统，有效地减小和控制系统的复杂性。为此每个阶段又分成若干个过程。

1. 系统规划

系统规划阶段的主要任务（图 6－8）是对系统的环境、目标、现行系统的状况进行初步调查，根据系统的整体目标，确定信息系统要“做什么”，从而确定预期要完成的功能和性能。其主要内容是：

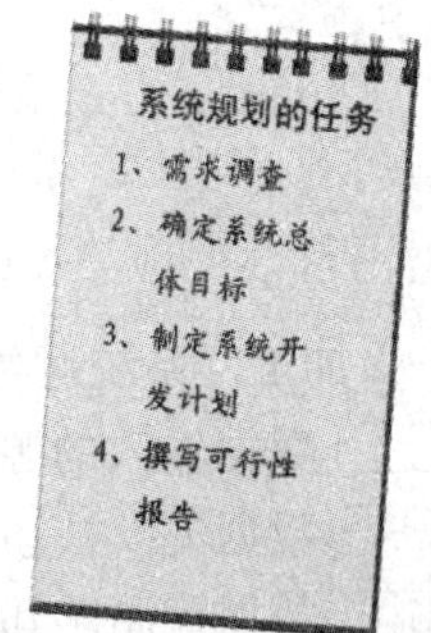

图 6－8　系统规划的任务

（1）根据用户需求初步了解任务的要求、目标、范围，对系统的可行性及经济效益和社会效益等问题进行分析，写出可行性分析报告，提交管理部门审查。

（2）制定信息系统建设的总计划，其中包括确定拟建系统的总体目标、功能、规模及资源需求。制定一套系统开发的文档规范及标准。

（3）设计系统总体结构及网络结构，设计统一规范的系统平台。

（4）统一协调规划系统的开发与实施。

2. 系统分析

（1）系统分析阶段的主要任务（图 6－9）

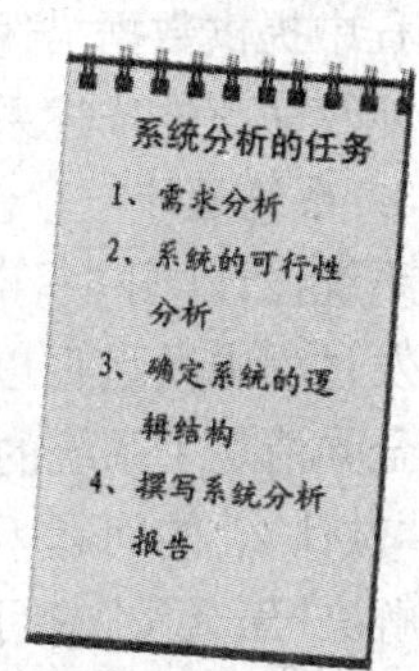

图 6－9　系统分析的任务

① 需求分析。根据用户的需求详细定义开发系统的功能、性能、数据库需求、确定硬件和软件的支持环境。

② 确定新系统的逻辑模型、逻辑结构、逻辑功能要求。逻辑模型通常用数据流图、数据字典和简要的算法表示。

③ 描述系统要处理的数据域，给出有效的数据表示方法，确定系统设计中数据的限制和系统同其他系统元素的接口细节。

④ 通过结构分析的方法对系统进行分解，逐步细化对系统的要求。根据需求的轻、重、缓、急及资源和应用环境的约束，把规划的系统建设内容分解成若干开发项目以分期分批进行系统开发。

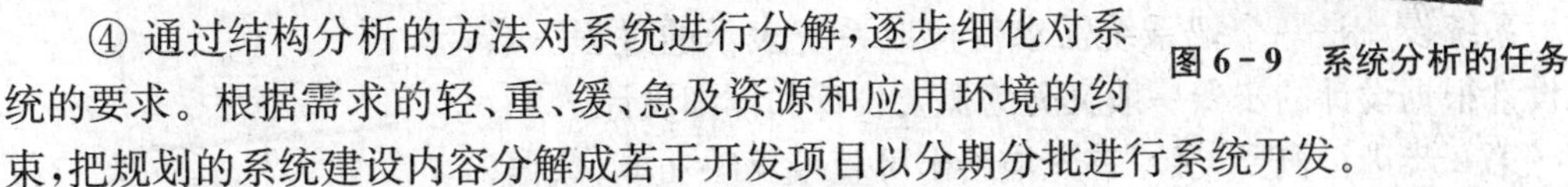

⑤ 根据系统分析的内容形成相应的文档说明书。

（2）系统分析的方法

① 数据流图(DFD)

数据流图(Data Flow Diagram，简称 DFD)是采用图形方式来表达系统的逻辑功能、数据在系统内部的逻辑流向和逻辑变换过程，强调的是数据流的处理过程。DFD 主要表达数据传递、系统与外部环境间的输入输出和数据存储等方面的信息，是系统分析阶段主要的表达工具。图 6 - 10 是描述储户携带存折去银行办理取款手续的数据流图，从图中可以看到，数据流图的基本图形元素有四种。

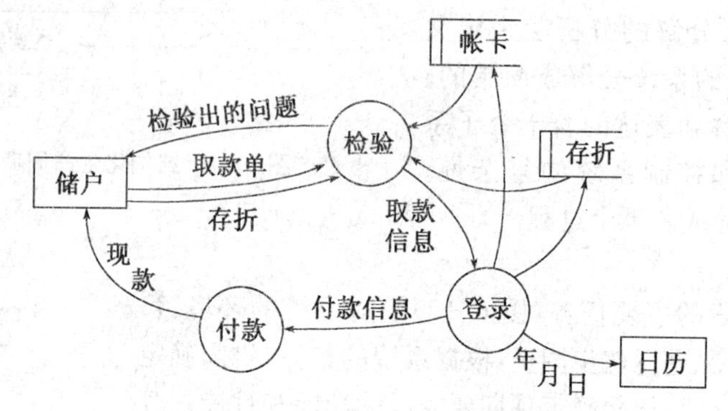

图 6 - 10　办理取款手续的数据流图

○ 加工。系统对数据的处理并产生输出结果。其中要注明加工的名称。

□ 数据输入的源点或数据输出的汇点。其中要注明源点或汇点的名称。

— 数据流。被加工的数据与流向。

▯ 数据存储。其中要注明数据的名称。

② 数据字典(DD)

数据字典(Data Dictionary，简称 DD)是系统中各类数据定义和描述的集合。数据字典是数据流图中所有元素严格定义的场所，对数据流图起着注解的作用，是系统分析阶段用来解释和定义数据流、外部项、数据存储、处理逻辑的分析工具。

数据字典由数据元素、数据流、数据存储、数据处理组成。其作用是在系统分析和设计过程中提供数据描述，是图形工具必不可少的辅助资料。图形工具和数据字典结合起来才能较完整地描述系统的数据和处理。

3. 系统设计

系统设计(图 6 - 11)是开发阶段中最重要的步骤，也是系统开发过程中质量得以保证的关键步骤。在系统分析阶段已经完全弄清楚了系统的各种需求，较好地解决了要让所开发的系统“做什么”的问题，下一步就要着手实现系统的需求，即要着手解决“怎么做”的问题。

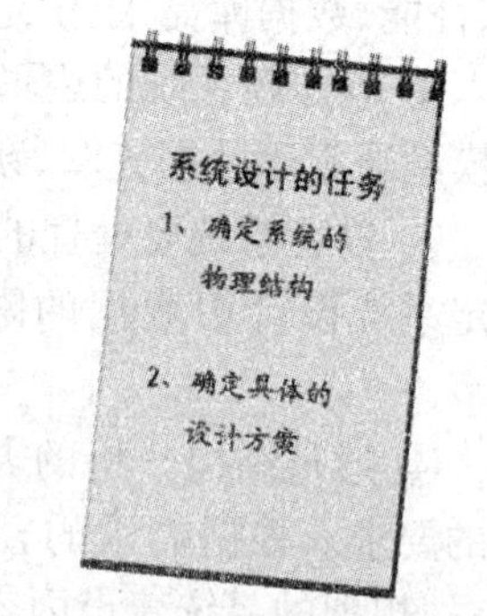

图 6 - 11　系统设计的任务

系统设计是一个把系统需求变换成系统表示的过程。系统设计根据设计的步骤一般又分为概要设计和详细设计。

第一步进行概要设计，首先描绘出可直接反映功能、数据、行为需求的总体框架，制定系统设计方案，确定系统的模块划分和结构，进行数据结构设计和数据库设计等，并建立系统接口。

第二步详细设计，主要是确定每个模块具体的设计过程，因而也称为过程设计。主要内容包括数据代码设计、用户界面设计、处理过程设计、数据的输入输出设计等。

系统设计阶段的主要任务是根据系统分析提出的逻辑模型，确定新系统的物理模型。定义系统内部各成分之间、系统与其他协同系统之间及系统与用户之间的交互机制，将用户的需求转化成一个具体的设计方案。

4. 系统实施

系统实施（图 6-12）是将新系统付诸实施的阶段。其目的是把系统分析和系统设计的成果转化为实际运行的系统。这一阶段的任务是：

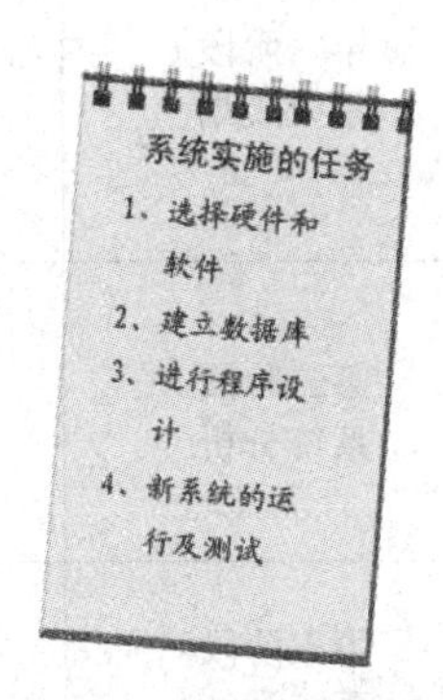

图 6-12　系统实施的任务

(1) 组装信息系统的技术部件，包括计算机系统、网络系统、通信等设备的配置、安装和调试。

(2) 建立数据库系统，整理和输入大量的基础数据。

(3) 进行程序的编写和调试，程序设计要满足可靠性、可理解性、可维护性。程序设计原则采用自顶向下的结构化程序设计方法。

(4) 系统测试与试运行。从整体的角度验证系统的功能是否达到了预期的目标。及时发现并纠正错误，为实际的投入使用提供保障。

(5) 进行人员培训，掌握系统的操作方法和技能。

(6) 对系统运行状况进行集中评价。通过对系统运行过程和绩效的审查，来检查系统是否充分利用了系统内的各种资源（包括计算机资源、信息资源），系统的管理工作是否完善，并提出今后系统改进和扩展的方向。

5. 系统维护

系统投入运行后，需要经常进行维护，记录系统运行的情况，按照一定的规格对系统进行必要的修改，使之能够正常的运行。随着需求的不断变化以及各种因素的影响，都需要对新系统进行不断的调整和维护（图 6-13），从而使新系统得到完善，以满足用户的需求。

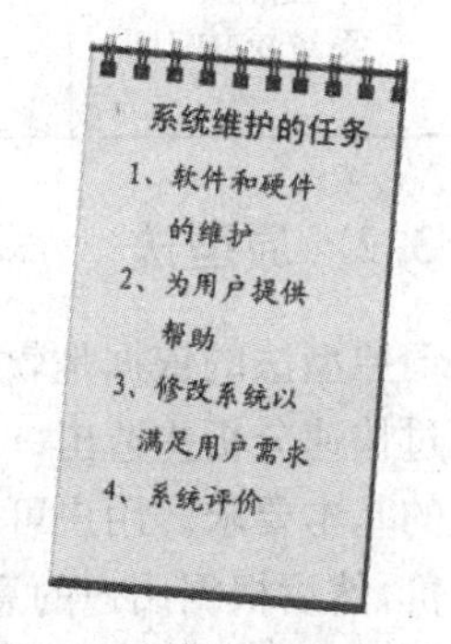

图 6-13　系统维护的任务

这一阶段通常有四类维护活动：

(1) 改正性维护。也就是诊断和改正在使用过程中发现的错误。

(2) 适应性维护。由于新的硬件设备的不断推出，操作系统和编译系统也不断升级，为了使系统能适应新的环境而进行的修改和扩充。

(3) 完善性维护。根据用户不断提出的新要求，需要增加系统的功能，增强系统的性能而进行的维护活动。

(4) 预防性维护。为提高系统的可靠性、为将来的维护活动预先做准备而进行的修改。

以上每一项维护活动都应该准确地记录下来，作为正式的文档资料加以保存。表 6-1 列出了结构化生命周期法各个阶段的主要任务和所需的文档资料。

表 6-1　结构化生命周期法各个阶段的主要任务和文档资料

阶段	基本任务	主要文档
第一阶段 系统规划	项目的提出 现行系统的初步调查 研究系统开发的可行性 编写可行性研究报告 制定开发计划	项目申请书 可行性分析报告
第二阶段 系统分析	系统的详细调查 分析用户环境、需求、流程 确定系统目标与功能 确定新系统逻辑模型	系统分析报告
第三阶段 系统设计	建立新系统的物理模型 概要设计 详细设计	系统设计说明书
第四阶段 系统实施	程序设计与调试 系统硬件和软件的配置 新系统的试运行 人员及岗位培训 新旧系统转换 对新系统进行测试	源程序清单 调试测试说明书 用户操作手册 测试报告
第五阶段 系统维护	建立规章制度 系统硬件和软件的维护 系统评价	系统维护记录 系统评价报告

6.3.2　原型法

原型法的依据是软件开发模型中的快速原型模型，是指在获得一组基本需求说明后，通过快速分析构造出一个小型的功能不十分完善的、实验性的、简易的信息系统，满足用户的基本要求。用户可在试用原型系统的过程中得到亲身感受和受到启发，做出反应和评价，然后根据用户的意见进行修改和试验，使之逐步完善，获得新的原型版本。如此周而复始，不断弥补不足之处，进一步确定各种需求细节，适应需求的变更，直至形成一个相对稳定的系统，如图 6-14 所示。

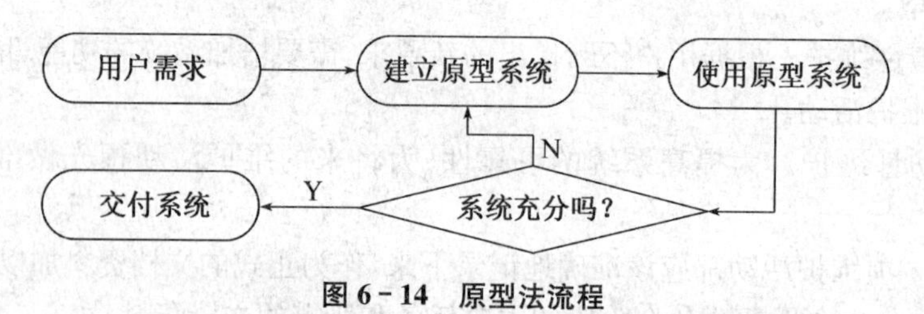

图 6-14　原型法流程

由于运用原型的目的和方式不同，原型法又可以分为以下两种不同的类型：

1. ***废弃型***

先构造一个功能简单而且质量要求不高的模型系统，针对这个模型系统反复进行分析修改，形成比较好的设计思想，由此设计出更加完整、准确、一致、可靠的最终系统。系统构造完成后，原来的模型系统就被废弃不用。

2. ***追加型或演化型***

先构造一个功能简单而且质量要求不高的模型系统，作为最终系统的核心，然后通过不断地扩充修改，逐步追加新要求，最后发展成为最终系统。

6.3.3　面向对象的方法

面向对象的方法是从 20 世纪 80 年代起在汲取结构化方法的思想基础上逐步发展起来的，是对结构化方法的进一步发展和扩充。它是一种把面向对象的思想应用于开发过程中，指导开发活动的系统方法，简称 OO(Object-Oriented)方法。采用面向对象方法的目的是提高系统的可重用性、扩充性和可维护性，使系统向通用性发展。面向对象方法作为一种新型的、独具优越性的方法正引起全世界越来越广泛的关注和高度的重视。

1. ***对象***

客观世界里的任何事物都可以看作对象，对象可以是具体的物，也可以指抽象的规则、计划或事件等。对象具有的特征称为对象的属性。

2. ***面向对象的方法***

面向对象方法认为，人类生活在一个由对象组成的世界中。对象是人们要进行研究的任何事物，是一个具有一组状态的实体，并封装了附加于这些状态的操作。状态描述了对象的属性或特征，操作描述了对象改变其状态的方法以及该对象为其他对象所提供的服务。

在面向对象方法中，一个对象是由数据和能够使用和修改这些数据的过程组成。只有定义在数据上的过程才能够使用和修改这些数据。

面向对象方法的基础是对象和类，类是一组具有相同数据结构和相同操作的对象的描述。面向对象的方法就是以对象为中心，用数据和处理相结合，基于对象、类、继承、封装、消息等基本概念来认识、理解、刻画客观世界和设计、构建相应的系统。其基本思想是：从现实世界中客观存在的事物出发来构造软件系统，并在系统构建中尽可能多地运用人类的自然思维方式，直接将现实世界中的事物抽象地表示为系统中的对象，作为系统的基本构成单位，从而使处理的系统能够保持事物及其相互关系的本来面貌。

3. ***面向对象方法的开发过程***

面向对象方法的开发过程主要分为面向对象分析、面向对象设计以及面向对象的实现。

面向对象分析的任务是基于用户的需求了解问题域所涉及的对象、对象间的关系和作用（即操作），然后构造问题的对象模型，力争该模型能真实地反映出所要解决的“实质问题”。

面向对象设计的任务是设计问题的对象模型，根据所应用的面向对象系统开发环境，设计各个对象、对象间的关系(如继承关系、层次关系等)、对象间的通信方式等。

面向对象的实现指软件功能的编码实现,它包括:每个对象的内部功能的实现,确立对象哪一些处理能力应在哪些类中进行描述,确定并实现系统的界面、输出的形式及其他控制机制等,总之是实现所规定的各个对象所应完成的任务。

4. 面向对象方法的主要优点

(1) 以对象为中心的开发方法能更自然、更直接地反映真实世界的问题空间,与人们习惯的思维方法一致,更接近人对客观事物的理解。有利于开发出更清晰、更容易维护的软件系统。

(2) 可重用性好。面向对象技术提出了类、继承、封装、接口等概念,从而为对象的复用提供了良好的支持机制,如在现有类的基础上建立一个子类,子类可以重用父类的数据结构和代码,并且可以方便地修改和扩充,能很好地适应复杂大系统不断发展与变化的要求。

(3) 稳定性、可维护性好。面向对象方法是一种模型化设计的抽象方法,由于现实世界中的实体是相对稳定的,因而,以对象为中心构造的软件系统也比较稳定。在对系统进行修改时,更易于维护、修改、测试和调试。

6.3.4 计算机辅助软件工程(CASE)

计算机辅助软件工程(Computer Aided Software Engineering,简称 CASE)是借助于计算机及其软件工具的帮助,来开发、维护、管理软件产品的过程,可以辅助软件生命周期各阶段进行软件开发活动,使很多最烦琐、最耗时的系统任务实现自动化。通过实现分析、设计、程序开发与维护的自动化,为系统开发提供全过程的开发环境,在软件开发各个阶段帮助开发者根据软件工程的方法提供各开发阶段的维护、编码环境,控制开发中的复杂性,提高整个系统开发工程的效率和质量。

CASE 工具通常包含以下特征:

(1) 具有绘制产生数据流图、数据结构图和系统流程图的功能。

(2) 具有一个包含所有系统部件及各项信息的集中式信息存储库。

(3) 界面生成器,具有提供用户界面样例的功能,通过修改产生用户所需界面。

(4) 代码生成器,能够自动完成计算机软件的准备工作,能够自动生成部分计算机应用程序。

(5) 项目管理工具,使项目经理能够对分析和设计活动进行计划,为任务安排人员和其他资源,监督进度计划和人员,以及打印进度表和总结项目状态的报表,如图 6 - 15 所示。

CASE 技术是软件技术发展的产物,是软件工具、软件开发方法学的拓展,已引起世界各国的普遍重视。随着软件工程思想的日益深入,计算机辅助软件开发工具和开发环境得到越来越广泛的应用。

CASE 的主要目标是:对系统开发和维护过程中的各个环节实现自动化,加快系统的开发过程,使系统开发人员的精力集中于开创性工作,通过自动检查提高系统的质量,简化系统的维护工作。

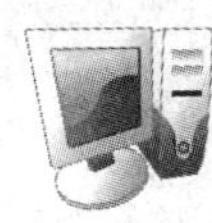

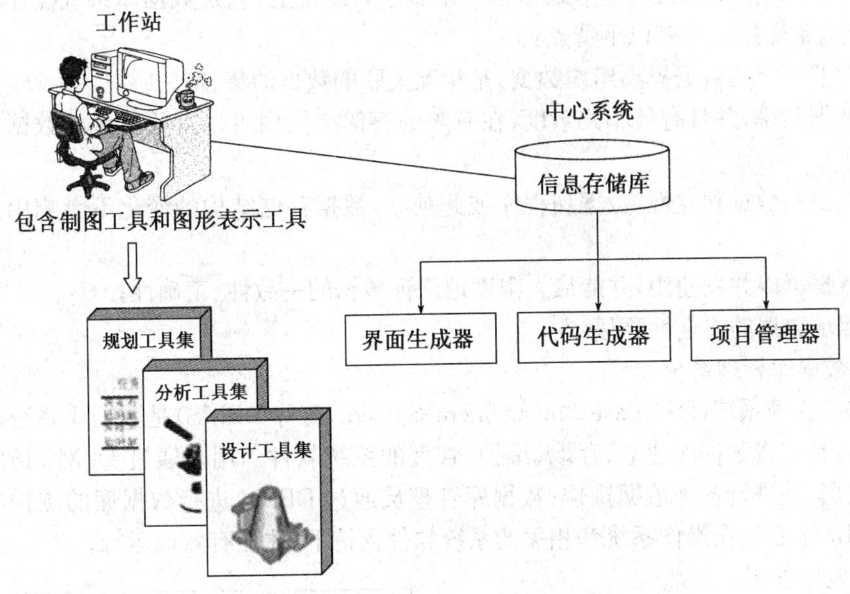

图 6－15　CASE 工具特征

6.4　数据库系统

数据库是计算机科学的重要分支，是信息系统的核心和基础。它把信息系统中的大量数据按照一定的模型组织起来，提供存储、检索、维护数据的功能，使信息系统可以方便、及时、准确地从数据库中获取所需要的信息。它的产生有力地推动了计算机在各行各业的应用。

6.4.1　数据库系统的概念

1. 数据库系统的组成

数据库系统(DataBase System，简称 DBS)，是一个存储介质、处理对象和管理系统的集合体，是一个计算机应用系统。它由计算机硬件、数据库、数据库管理系统、应用程序和用户等部分组成。

(1) 计算机硬件

计算机硬件是数据库系统赖以存在的物质基础，是存储数据库及运行数据库管理系统的硬件资源，主要包括主机、存储设备、I/O 通道等。大型数据库系统一般都建立在计算机网络环境下，为使数据库系统获得较好的运行效果，应对计算机的 CPU、内存、磁盘、I/O 通道等技术性能指标采用较高的配置。

(2) 数据库

数据库(DataBase，简称 DB)在通俗的意义上，不妨理解为存储数据的仓库。它是指数据库系统中以一定组织方式将相关数据组织在一起，存储在外部存储设备上，所形成的能为多个用户共享的、与应用程序相互独立的、相互关联的数据集合。

数据库中的数据以文件的形式存储在外部存储设备上，它是数据库系统操作的对象和结果。通常数据库具有以下特点：

① 按照指定的数据模型组织数据，是相互关联的数据的集合；

② 数据共享，并具有最小冗余度，在有限的存储空间内可以存放更多的数据并减少存取时间；

③ 较高的数据独立性，数据和程序彼此独立，数据存储结构的变化不影响用户程序的使用；

④ 数据可以并发使用，并能最大限度地保证数据的一致性、正确性；

⑤ 保证数据的安全性、可靠性。

(3) 数据库管理系统

数据库管理系统(DataBase Management System，简称 DBMS)是数据库系统的管理控制中心，是负责数据库建立、存取、维护、管理的系统软件。用户通过 DBMS 访问数据库中的数据，并进行各种数据操作；数据库管理员通过 DBMS 进行数据库的维护和管理工作。DBMS 必须在操作系统和相关的系统软件支持下，才能有效地运行。

(4) 应用程序

应用程序是在 DBMS 的基础上，由用户根据应用的实际需要所开发的处理特定业务的应用程序。应用程序的操作范围通常仅是数据库的一个子集，即用户所需要的那部分数据。

(5) 用户

用户是指管理、开发、使用数据库系统的所有人员，通常包括数据库管理员、应用程序员和终端用户。数据库管理员是对数据库的建立、使用和维护的专门人员，负责数据库系统的正常运行；应用程序员负责分析、设计、开发、维护数据库系统中运行的各类应用程序；终端用户是操作使用数据库系统的普通使用者。

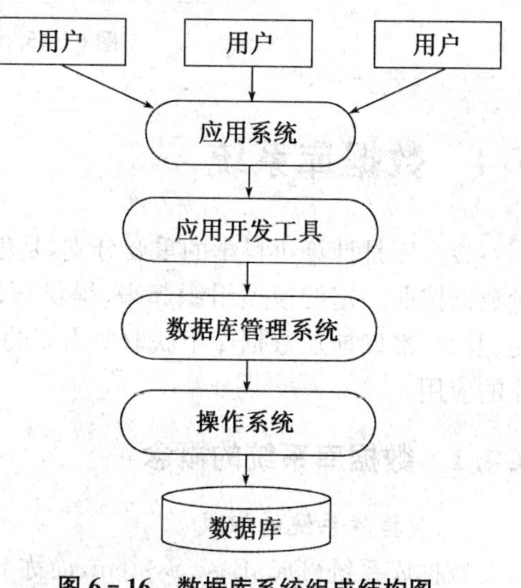

图 6-16 数据库系统组成结构图

数据库系统组成结构如图 6-16 所示。

2. 数据库系统的特点

数据库系统具有数据结构化、数据共享性、数据独立性、统一的数据控制等特点。

3. 数据库管理系统的功能

数据库管理系统应具备以下功能：

(1) 数据库定义(描述)功能：DBMS 为数据库提供了数据定义(描述)语言，用户通过它可以方便地定义数据库结构和数据库中的数据对象。

(2) 数据库操纵功能：DBMS 提供数据操纵语言，实现对数据库的基本操作。这包括数据库的建立，数据的录入、存储、插入、删除和修改、检索等功能。

(3) 数据库控制功能：通过数据安全性保护、完整性检查、并发控制和数据库恢复等技术实现。安全性指保护数据以防止非法的使用而造成的数据丢失和破坏。完整性指保护数据的正确性、有效性和相容性。数据的并发控制是当多个用户的并发进程同时存取、修改数据库时，避免因并发程序之间的相互干扰而得到错误的结果或使得数据库的完整性遭到破坏。数据库恢复是当计算机系统因软、硬件故障，或操作失误而造成数据库部分或全部数据丢失时，DBMS 具有将数据库恢复到最近某个时刻的正确状态的功能。

(4) 数据库通信功能：DBMS 提供数据库与操作系统的联机处理接口，以及与远程作业输入的接口。实现用户程序与 DBMS 之间的通信，这部分通常与操作系统协调完成。

6.4.2　数据模型

数据模型是数据库系统的核心，也是定义数据库模型的依据。数据库中的数据是按照一定的逻辑结构存放的，这种结构是用数据模型来表示的，因此，数据模型是指数据库中数据的组织形式和联系方式。按照数据库中数据采取的不同联系方式，数据模型可分为四种：

- 关系模型
- 层次模型
- 网状模型
- 面向对象模型

1. 关系模型

用关系表示的数据模型称为关系模型。关系模型是由若干个二维表组成的集合。在关系模型中，一个关系对应一个二维表，如表 6 - 2 所示，是一张学生情况表。

表 6 - 2　学生情况表

学号	准考证号	姓名	专业编号	性别	出生日期	入学成绩
1001	1314300101	宋俊平	03	男	1983-10-23	589
1002	1314300102	张明辉	03	男	1984-5-20	593
1003	1314300103	王程程	03	男	1983-8-4	598
1004	1314300104	刘敏	42	女	1983-9-4	497
1005	1314300105	李文杰	42	女	1984-3-5	516
1006	1314300106	胡晓明	04	男	1983-4-6	521
1007	1314300107	刘荣	41	女	1983-10-31	471
1008	1314300108	李素雅	42	女	1983-7-8	478
1009	1314300109	赵海涛	04	男	1984-9-20	623
1010	1314300110	陶文慧	04	女	1983-7-30	599

关系模型必须满足以下几点：

(1) 表格中的每一列都是不可再分的基本属性，即表中不能套表；

(2) 各列被指定一个相异的名字，不允许有相同的列名；

(3) 不允许有完全相同的行；

(4) 行、列的次序是任意的。

关系模型具有数据结构简单、使用方便、易于表示等特点，支持关系数据模型的DBMS称为关系数据库管理系统。目前绝大多数数据库系统都采用关系数据模型，关系数据模型已成为数据库应用的主流。

2. 层次模型

用树形结构表示数据及其联系的数据模型称为层次模型。在这种模型中，数据被组织成由根开始的倒置的一棵树，是一种表示数据间从属关系的结构，其中根结点在上，层次最高；子结点在下，逐层排列。

层次模型具有如下主要特征：

(1) 有且仅有一个结点无父结点，称其为根结点；

(2) 根结点以外的子结点，向上仅有一个父结点，向下有若干子结点。没有子结点的结点称为叶结点，它处于分枝的末端，如图 6－17 所示。

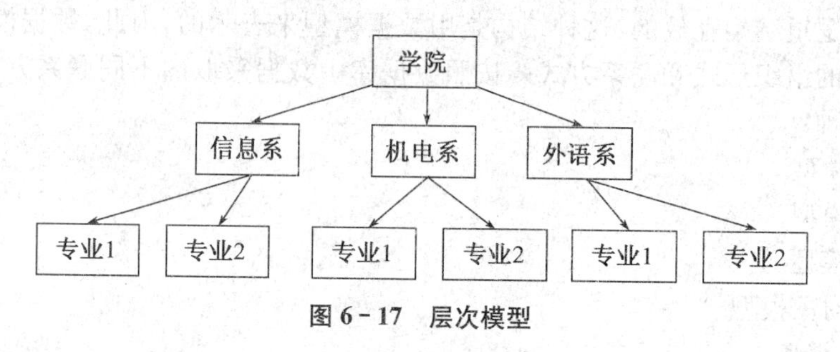

图 6－17　层次模型

层次模型可以直接方便地表示一对一联系和一对多联系，但不能用它直接表示多对多联系。支持层次数据模型的 DBMS 称为层次数据库管理系统。

3. 网状模型

用网络结构表示数据及其联系的数据模型称为网状模型。网状模型是层次模型的拓展，在网状模型中任何结点之间都可以发生联系，呈现一种交叉关系的网络结构。因而网状模型可以表示多对多的联系。

网状模型的基本特点：

(1) 一个以上结点无父结点；

(2) 至少有一结点有多于一个的父结点；

(3) 在两个结点之间有两个或两个以上的联系。

网状模型是一种较复杂的数据结构，操作上有很多不便。支持网状模型的 DBMS 称为网状数据库管理系统。网状模型的示例如图 6－18 所示。

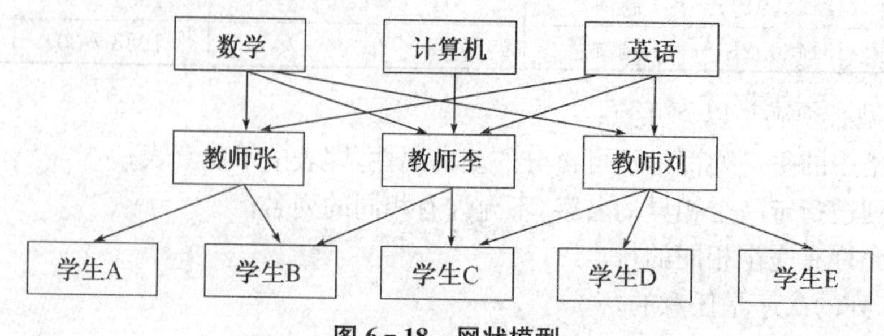

图 6－18　网状模型

4. 面向对象的模型

在面向对象数据模型中，将所有现实世界中的实体都模拟为对象。如学生、班级、课程等，都可以看成对象。一个对象包含若干属性，用以描述对象的状态、组成和特性。

数据库中通常包含了大量的对象，可以将类似的对象归并为类。在一个类中的每个对象称为该类的实例。同一类的对象具有共同的属性和方法，方法是对象所能执行的行为。对这些属性和方法可以在类中统一说明。

面向对象的数据模型能够更灵活地反映现实世界实体之间的关系。其具有的继承性、封装性、多态性能够更有效地提高程序开发人员的开发效率。

6.4.3 关系数据库系统

1. 关系数据库系统基本概念

(1) 关系数据库

关系数据库是若干个依照关系模型设计的二维数据表文件的集合。一个关系数据库即为一个数据库文件。

(2) 关系数据结构及概念

① 关系

一个关系就是一张二维表，关系名对应于表文件名或表名，如表6-2学生情况表所示。一个关系存储为一个表文件。表由若干个记录组成，而每一个记录是由若干个以属性加以分类的数据项组成。

② 属性

二维表的每一列在关系中称为属性，每个属性都有一个属性名(也称为字段名)。属性值则是各个元组对应属性的取值，每个属性的数据类型、宽度等在创建表的结构时规定。

③ 元组

二维表的每一行在关系中称为元组(也称为记录)。

④ 域

属性的取值范围称为域，即不同元组对同一个属性的取值所限定的范围。域作为属性值的集合，其类型与范围具体由属性的性质及其所表示的意义确定。如"性别"属性的域是(男，女)。同一属性只能在相同域中取值。

⑤ 候选关键字

如果在一个关系中，存在多个属性或属性组合，都能用来唯一区分、确定不同的元组，则这些属性或属性的组合，称为该关系的候选关键字。表6-2中学号、准考证号都称为该关系的候选关键字。候选关键字可以简称为关键字。

单个属性组成的关键字也称为单关键字。表6-2中"学号"属性可作为单关键字。多个属性组合的关键字称为组合关键字。表6-2中可将"姓名"和"出生日期"组合成为组合关键字。

⑥ 主关键字(主键)

从候选关键字中选定一个作为关键字，称为该关系的主关键字。关系中主关键字是唯一的。

需要注意的是，主关键字的属性值不能取“空值”，否则无法唯一区分和确定不同的元组。

⑦ 外部关键字

关系中某个属性或属性组合并非关键字，但却是另一个关系的主关键字，称此属性或属性组合为本关系的外部关键字。

表 6-3 学生表

学号	姓名	性别	课程编号
1001	宋俊平	男	03
1004	刘敏	女	03
1005	李文杰	女	01
1006	胡晓明	男	02

表 6-4 选课表

课程编号	课程名称	学时
01	哲学	54
02	英语	108
03	计算机	72

表 6-3 的主关键字是学号，表 6-4 的主关键字是课程编号，则课程编号是表 6-3 的外部关键字。

⑧ 关系模式

关系既可以用二维表描述，也可以用数学形式的关系模式来描述。对关系的描述称为关系模式，一个关系模式对应一个关系的结构。其格式为：

关系名(属性名 1，属性名 2，……，属性名 n)

例如，学生表和选课表的关系模式分别表示为：

学生表(学号，姓名，性别，课程编号)

选课表(课程编号，课程名称，学时)

各种关系数据库术语对照见表 6-5。

表 6-5 关系数据库术语对照表

关系数据库	数据库文件
关系	二维表
关系模式	二维表的结构
关系的行	二维表的记录或称元组
关系的列	二维表的属性或字段
属性的域	属性的取值范围

2. 关系操作

关系的操作对象是关系，操作的结果仍然是关系。关系的基本操作有两类：一类是传统的集合操作，包括并、差、交等；另一类是专门的关系操作，主要包括选择、投影和连接等。

(1) 传统的集合操作

传统的集合操作将关系看成元组的集合，其操作从关系的水平方向，即行的角度来进行。要求参与并、差、交集合操作的两个关系必须具有相同的关系模式，即结构相同，如图

6-19所示，有两个关系 R1 和 R2。

R1

学号	姓名
1001	宋俊平
1002	张明辉
1003	王程程
1004	刘敏
1005	李文杰

R2

学号	姓名
1004	刘敏
1005	李文杰
1006	胡晓明
1007	刘荣

图 6-19　关系 R1 和 R2

① 并：两个相同结构关系的并操作，是由属于这两个关系 R1 和 R2 的元组(记录)组成的集合，如图 6-20 所示。

学号	姓名
1001	宋俊平
1002	张明辉
1003	王程程
1004	刘敏
1005	李文杰

学号	姓名
1004	刘敏
1005	李文杰
1006	胡晓明
1007	刘荣

并

学号	姓名
1001	宋俊平
1002	张明辉
1003	王程程
1004	刘敏
1005	李文杰
1006	胡晓明
1007	刘荣

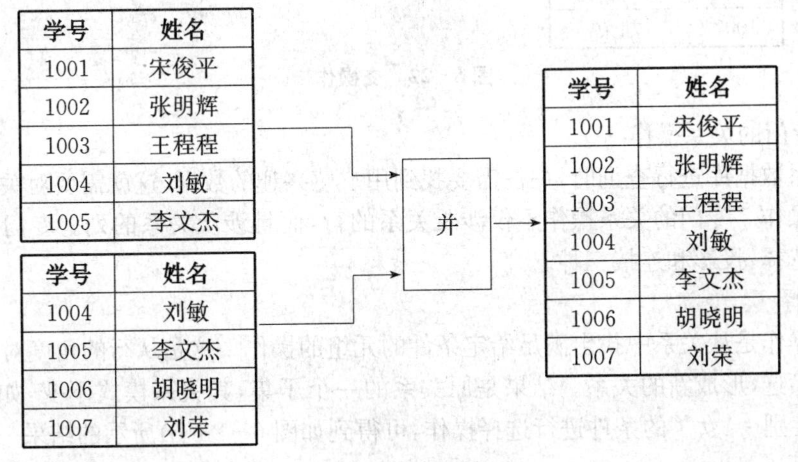

图 6-20　并操作

② 差：两个相同结构关系的差操作，是由属于 R1 而不属于 R2 的元组组成的集合，即从 R1 中去掉 R2 中的元组，如图 6-21 所示。

学号	姓名
1001	宋俊平
1002	张明辉
1003	王程程
1004	刘敏
1005	李文杰

学号	姓名
1004	刘敏
1005	李文杰
1006	胡晓明
1007	刘荣

差

学号	姓名
1001	宋俊平
1002	张明辉
1003	王程程

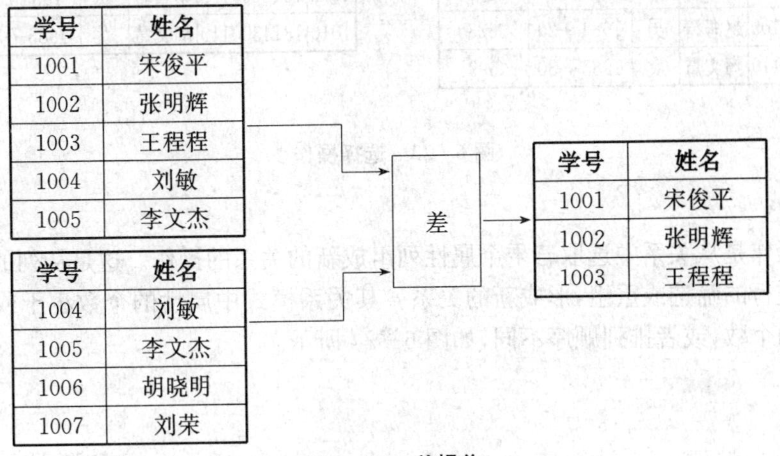

图 6-21　差操作

③ 交:两个相同结构关系的交操作,是由既属于 R1 同时又属于 R2 的元组组成的集合,如图 6-22 所示。

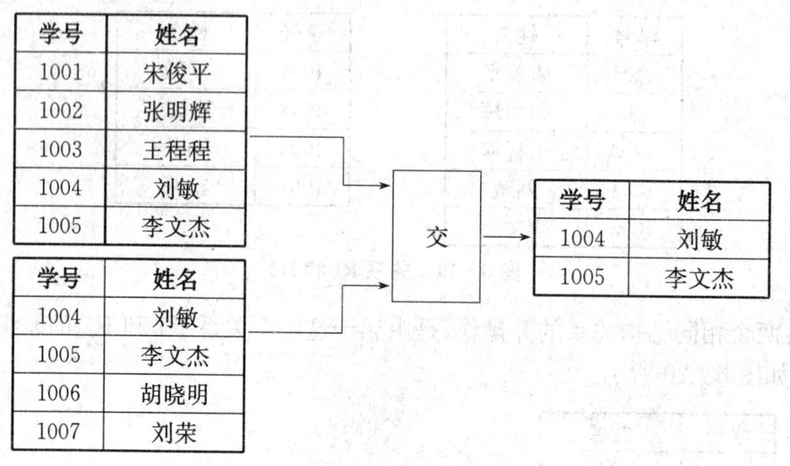

图 6-22　交操作

(2) 专门的关系操作

对关系数据库进行查询时,往往需要找到用户感兴趣的数据,这就需要对关系进行一定的关系操作。专门的关系操作不仅涉及关系的行,而且涉及关系的列。专门的关系操作主要有选择、投影和连接三种。

① 选择

选择操作是从关系中找出满足给定条件的元组的操作。这是从行的角度对二维表的内容进行筛选,形成新的关系。结果是原关系的一个子集,其关系模式不变,如图 6-23(a)按照“性别=‘女’”的条件进行选择操作,可得到如图 6-23(b)所示的结果。

学号	准考证号	姓名	性别	出生日期	入学成绩
1006	1314300106	胡晓明	男	1983-4-6	521
1007	1314300107	刘荣	女	1983-10-31	471
1008	1314300108	李素雅	女	1983-7-8	478
1009	1314300109	赵海涛	男	1984-9-20	623
1010	1314300110	陶文慧	女	1983-7-30	599

(a)

选择

学号	准考证号	姓名	性别	出生日期	入学成绩
1007	1314300107	刘荣	女	1983-10-31	471
1008	1314300108	李素雅	女	1983-7-8	478
1010	1314300110	陶文慧	女	1983-7-30	599

(b)

图 6-23　选择操作

② 投影

投影操作是从关系中选取若干个属性列组成新的关系的操作。这是从列的角度对二维表内容进行的筛选或重组,形成新的关系。其关系模式中属性的个数小于或等于原关系中属性的个数,或者排列顺序不同,如图 6-24 所示。

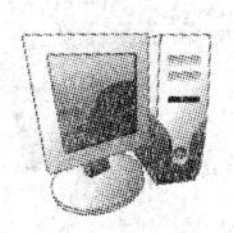

学号	准考证号	姓名	性别	出生日期	入学成绩
1006	1314300106	胡晓明	男	1983-4-6	521
1007	1314300107	刘荣	女	1983-10-31	471
1008	1314300108	李素雅	女	1983-7-8	478
1009	1314300109	赵海涛	男	1984-9-20	623
1010	1314300110	陶文慧	女	1983-7-30	599

投影

学号	姓名	性别	入学成绩
1006	胡晓明	男	521
1007	刘荣	女	471
1008	李素雅	女	478
1009	赵海涛	男	623
1010	陶文慧	女	599

图 6－24　投影操作

③ 连接

连接操作是将两个关系模式的若干属性通过相同的主关键字连接成一个新的关系模式的操作。对应的新关系中，包含满足连接条件的所有元组。反映出了原来关系之间的联系。

如图 6－25 所示，以“学号”列为主关键字，连接生成一个新的关系(表)，实现了两个关系的横向连接。

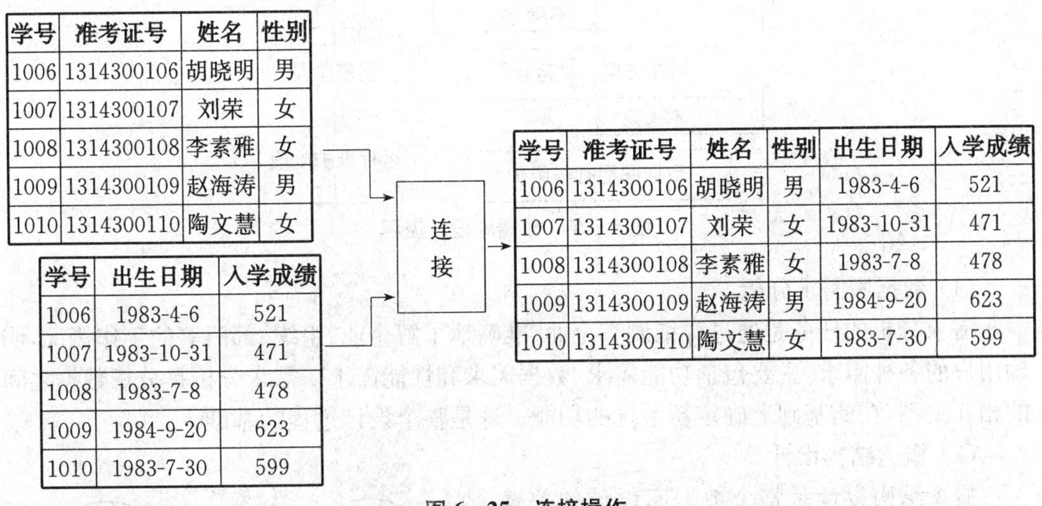

学号	准考证号	姓名	性别
1006	1314300106	胡晓明	男
1007	1314300107	刘荣	女
1008	1314300108	李素雅	女
1009	1314300109	赵海涛	男
1010	1314300110	陶文慧	女

学号	出生日期	入学成绩
1006	1983-4-6	521
1007	1983-10-31	471
1008	1983-7-8	478
1009	1984-9-20	623
1010	1983-7-30	599

学号	准考证号	姓名	性别	出生日期	入学成绩
1006	1314300106	胡晓明	男	1983-4-6	521
1007	1314300107	刘荣	女	1983-10-31	471
1008	1314300108	李素雅	女	1983-7-8	478
1009	1314300109	赵海涛	男	1984-9-20	623
1010	1314300110	陶文慧	女	1983-7-30	599

图 6－25　连接操作

3. 关系数据库设计

关系数据库设计是数据库应用系统开发过程中首要的和基本的内容，是指根据给定的应用环境，建立数据库及其应用系统，使之能够有效地满足各类用户的应用需求。

数据库设计通常分为 6 个阶段：

- 需求分析阶段
- 概念结构设计阶段
- 逻辑结构设计阶段
- 物理结构设计阶段
- 数据库实施阶段
- 数据库运行和维护阶段

数据库设计流程如图 6－26 所示。

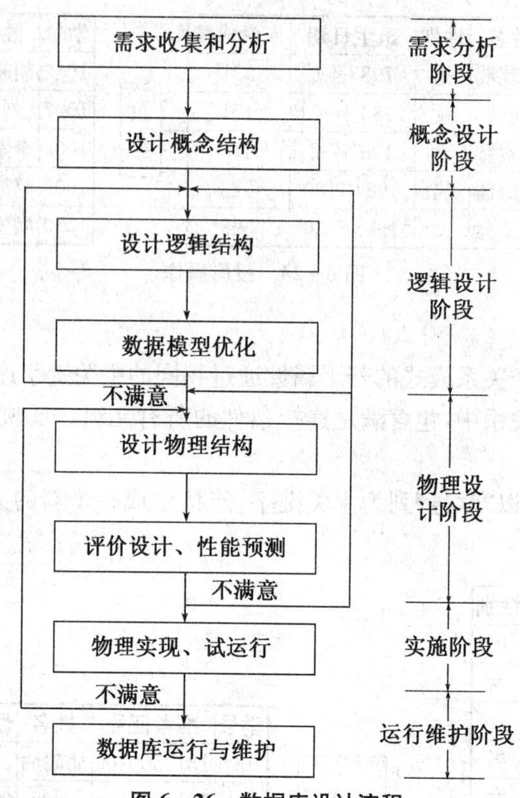

图 6-26　数据库设计流程

(1) 数据库需求分析

需求分析的任务是通过详细调查全面、准确地了解企业、组织、部门等的工作概况，明确用户的各种需求，主要包括功能需求、数据需求和性能需求。需求分析是分析数据之间的相互关系，在此基础上确定新系统的功能。这是整个设计过程的基础。

(2) 概念结构设计

概念结构设计是整个数据库设计的关键。它通过对用户需求进行综合、归纳与抽象，形成一个独立于具体的 DBMS 的概念模型。描述概念结构设计的最常用的方法是"实体—联系方法"，简称 E-R 方法。图 6-27 是一个学生管理系统中学生和课程关系之间的部分 E-R 图。

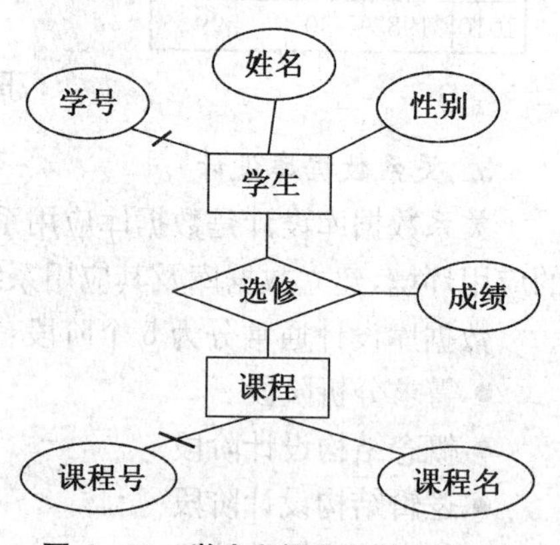

图 6-27　学生和课程间的 E-R 图。

图中用矩形框分别表示学生和课程两个实体集，用椭圆框表示实体的属性，用菱形框表示实体间的联系，在菱形框内写明联系的名称，并用无向边将其与有关的实体连接起来，加斜杠线的属性为相应实体集的主关键字(主键)。

概念结构的主要特点是能真实、充分地反映现实世界，易于理解，易于更改，易于向关系数据模型转换。

设计概念结构通常采用自顶向下和自底向上相结合的方法：首先定义全局概念结构的框架，自顶向下进行需求分析，然后自底向上定义各局部应用的概念结构，集成起来得到总体概念结构。

例如，设计一个信息管理系统，首先要按照应用的目标确定总体的框架结构，然后分别定义各功能模块的概念结构，最后集成为整个系统的概念结构。

(3) 逻辑结构设计

逻辑结构设计的任务是将概念结构设计阶段得到的 E-R 图转换成某个 DBMS 所支持的数据模型(如关系模型)，从而形成数据库的逻辑模式。其中，实体与实体间的联系都用关系来表示，确定应用系统所使用的数据库中应该包含哪些表以及表的结构。根据用户处理的要求，在基本表的基础上再建立必要的视图。

数据库的概念结构和逻辑结构设计是数据库设计过程中最重要的两个环节。

(4) 物理结构设计

物理结构设计依赖于给定的计算机系统。它是根据逻辑结构设计的结果，结合具体数据库管理系统功能及其提供的物理环境、应用环境、数据的存储设备，为逻辑结构设计的数据模型选取一个最适合应用要求的物理设备上的存储结构，进行物理存储的安排和组织，设计存取方法和性能预测。

(5) 数据库实施阶段

运用 DBMS 提供的数据语言、工具及宿主语言，根据逻辑设计和物理设计的结果建立数据库结构，编制与调试应用程序，录入并组织原始数据，并进行试运行。

(6) 数据库运行和维护阶段

数据库应用系统经过试运行后即可投入正式运行。在数据库系统运行过程中必须不断地对数据库性能进行检测、分析、调整与完善性操作。

6.4.4 SQL 中的数据查询语句

结构化查询语言(Structured Query Language，简称 SQL)是一种数据库查询和程序设计语言，用于实现关系数据库系统中存取、查询、更新数据的功能。

对于数据库系统而言，数据查询是数据库的核心操作，关系数据库管理系统向用户提供了可以直接对数据库进行操作的查询语句(SELECT 语句)。这种查询语句可以通过对关系(即二维表)的一系列操作来实现。在 SQL 语言中，一个 SELECT 语句可以在一个或多个表上操作，操作的结果将产生一个新表(或查询视图)，这个表的内容就是 SELECT 语句的查询结果。

SELECT 语句的一般格式为：

SELECT　列名表　FROM　表名(或视图名)

[WHERE　条件表达式]

[ORDER BY　列名表]　[ASC | DESC]

其中，SELECT 指定查询中要显示的列名(属性名)；FROM 指定字段所从属的表；WHERE 指定选择的条件；ORDER BY 指定查询结果的排序顺序。ASC 表示按照递增的顺序排列，ASC 为默认值。DESC 表示按照递减的顺序排列。在 ORDER BY 后的列名表中，可以同时按照多个列名进行排序，排序的优先级从左至右。

1. 基本查询

使用 SELECT 语句是对一个表中的某些列进行查询，若要对多列进行查询，需要在 SELECT 后写出要查询的列名(属性名)，并用逗号分隔。查询结果将按照 SELECT 后给出的列的顺序来显示这些列。SELECT 对应关系运算中的投影。

例如，SELECT 学号，姓名 FROM 学生

说明：若格式中“列名表”为“*”，则表示输出表中所有的列(属性)。

例如，显示输出学生表的所有内容，则应使用下列语句：

SELECT * FROM 学生

2. 带条件(WHERE)的查询

WHERE 是对表中的行进行选择查询，即通过在 SELECT 语句中使用 WHERE 可以从数据表中筛选出符合 WHERE 指定的选择条件的记录，从而实现行的查询。WHERE 必须紧跟在 FROM 之后。WHERE 对应关系运算中的选择。

例如，查询输出学生表中男生的学号，姓名，性别。

SELECT　学号，姓名，性别　FROM　学生　WHERE　性别=‘男’

3. 对查询结果排序

例如，查询输出学生表的学号，姓名，性别，并按学号降序排序。

SELECT　学号，姓名，性别　FROM　学生　ORDER BY　学号　DESC

6.4.5 数据库新技术

随着数据库应用领域的快速发展和信息量的急剧增长，占主导地位的关系数据库系统已不能满足新的应用领域的需求，如工程设计与制造、科学实验、地理信息系统以及多媒体等领域都需要数据库新技术的支持。这些新应用领域的特点是：存储和处理的对象复杂，包括抽象的数据类型、无结构的超长数据等，并且需要支持对大量对象的存取和计算，而这些需求是单一的传统关系数据库系统所不能完成的。下面将简单介绍近年来数据库领域的新技术。

1. 分布式数据库系统

分布式数据库系统是数据库技术与计算机网络技术、分布处理技术相结合的产物。它的物理数据库在地理位置上分布在多个数据库管理系统的计算机网络中，这些数据库系统构成了分布式的数据库管理系统。

分布式数据库系统的主要特点是：

(1) 数据是分布的。数据库中的数据分布在计算机网络的不同结点上，但逻辑上是一个整体，它们被所有用户(全局用户)共享，并由一个分布式数据库系统统一管理。

(2) 数据是逻辑相关的。分布在不同结点的数据是相互关联的。

(3) 具有结点的自治性。每个结点都有自己的计算机软硬件资源、数据库、数据库管理系统(即局部数据库管理系统)，具有自治处理能力，因而能够独立地管理局部数据库，完成本结点的应用。

(4) 具有较高的可靠性。由于数据分布在多个结点并有许多复制数据，当系统中一

台机器发生故障时不会导致整个系统的崩溃。

2. 面向对象数据库系统

面向对象数据库系统是将面向对象的模型、方法和机制与先进的数据库技术有机地结合而形成的新型数据库系统。面向对象数据库使用“对象”作为数据库文件中的元素。对象由两部分组成，一部分是任意形式的数据，其中包括图形、音频以及视频等；另一部分是处理数据的指令程序，能够充分支持面向对象的概念和机制。因此，它的基本设计思想是：一方面把面向对象语言向数据库方向扩展，使应用程序能够存取并处理对象；另一方面扩展数据库系统，使其具有面向对象的特征，能够对现实世界中复杂应用的实体和联系建模。

3. 多媒体数据库系统

多媒体数据库是数据库技术与多媒体技术结合的产物，可以存储比关系数据库更多类型的数据，例如学生数据库除了可以存储个人数据及成绩外，还可以存储学生的照片、声音及一段视频。这些与传统的数字、字符等格式化数据有很大的不同，都是一些结构复杂的对象。其特点是：

(1) 数据量大。特别是视频和音频数据需要较大的数据空间。

(2) 结构复杂。多媒体数据种类繁多，来源于不同的媒体且具有不同的形式和格式。

(3) 数据传输的连续性。多媒体数据如声音或视频数据的传输必须是连续、稳定的，不能间断，否则会出现失真而影响效果。

(4) 时序性强。如一幅画面的配音或文字需要同步，既不能超前也不能滞后。

4. 并行数据库系统

并行数据库系统是数据库技术与并行计算技术相结合的产物，是在并行机上运行的具有并行处理能力的数据库系统。

并行数据库系统充分利用多处理器平台的工作能力，多个处理机协同处理，以高性能、高可用性和高扩充性为目标，达到更快的数据库响应速度和分析能力。

在很多情况下，并行数据库的数据分布在多个处理机中，并共同组成一个完整的数据库系统。其目标是充分发挥并行计算机的优势，利用各个处理机结点并行地完成任务，提高系统的整体性能。

为了适应数据库应用多元化的要求，研究人员在传统数据库基础上，结合各个专门应用领域的特点，还研究了适合该应用领域的数据库技术，建立和实现了一系列新型的数据库。如科学数据库、空间数据库、地理数据库、工程数据库、Web 数据库等，适应了不同的应用需求。

6.5　典型信息系统介绍

6.5.1　电子商务

1. 什么是电子商务

电子商务指的是利用各种信息、网络技术，采用简单、快捷、低成本的电子通讯方式，买卖双方不谋面而进行的各种商贸及经营管理活动。较简单的有电子商情、电子贸易、电

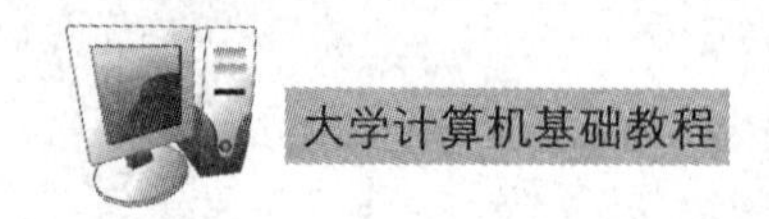

子合同等，更为复杂的则是通过互联网将信息流、商流、资金流和物流等完整地实现。一个较完整的电子商务应主要包括对产品的开发研制、生产加工、物流配送、支付结算及客户服务等所有环节的电子化、网络化运作。在整个电子商务过程中网上银行、在线电子支付等条件和数据加密、电子签名等技术发挥着重要的、不可或缺的作用。

2. 电子商务的分类

(1) 按照交易对象来分，主要有四类：

- 企业对客户的电子商务(Business to Customer，简称 B2C)；
- 企业对企业的电子商务(Business to Business，简称 B2B)；
- 企业对政府的电子商务(Business to Government，简称 B2G)；
- 客户对客户的电子商务(Consumer To Consumer，简称 C2C)等。

(2) 按照交易商品的性质来分，主要有两类：

- 有形商品的电子商务，如电子资金划拨、电子证券交易、商品买卖等；
- 无形商品的电子商务，如各类信息服务、计算机软件等。

3. 企业对客户的电子商务

现在很多企业提供在线服务，满足客户的各种需求。这些企业的 Web 站点提供产品和服务的信息，接受订单和货款，提供现场服务等。

(1) 在线购物：是指通过 Web 站点购买产品的服务。客户通过浏览器访问企业或公司的商业网站，可以在线选择、购买几乎任何东西。从汽车到家用电器，从电子产品到珠宝，从服装到图书，应有尽有。客户可以在线订购喜欢的报纸、杂志，并通过电子方式付款，而企业根据客户提供的地址信息运送产品或提供服务，从而实现网上购物和网上支付的全过程，如淘宝、阿里巴巴(图 6 - 28)等网站，为客户提供了专业化、系统化、规范化的服务。

图 6 - 28 “阿里巴巴”网站主页

虽然不同 Web 站点的数据众多，而且各有独特的外观和方法，但是有效的购物站点都具有一些共同的特性：

- 目录：供客户搜索产品和服务信息；
- 结算页面：客户可以安全的支付货款；
- 服务页面：客户可以联系商家，寻求帮助，包括：了解联系信息的电话号码、电子邮件地址、退货条款、运输条款、费用等。

在实现整个在线购物的过程中除了买家、卖家外，还应有银行或金融机构、认证机构、配送中心等机构的加入。

(2) 在线银行业务和财务管理

在线银行业务是指使用银行的 Web 站点来处理有关银行方面的业务。客户可以通过银行提供的 Web 站点管理自己的账户，如在线转账、记录或查看账目、核对账目、付款等事务。图 6-29 是中国工商银行网上银行主页。

在线账务管理指除管理银行账户以外，客户可以在线执行的各种个人财务事务，这些活动包括投资、申请贷款、申请信用卡、购买保险等事务。

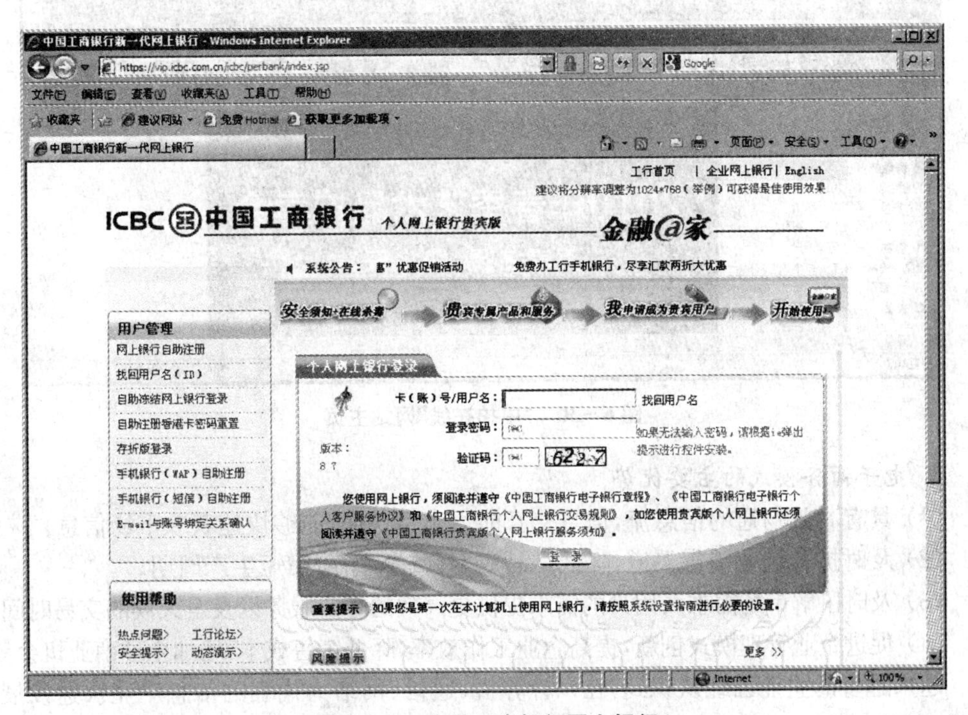

图 6-29　中国工商银行网上银行

4. 企业对企业的电子商务

利用功能强大的 Web 站点和在线数据库，企业之间可进行的原材料、生产设备、零配件和半成品等中间产品的交易及企业之间的信息、服务等商务活动。企业不仅能够销售产品，而且可以跟踪库存、订购产品、发送发票和接受贷款。企业对企业的电子商务占据了在线交易额的主要部分。例如，商店向批发商订购脱销产品，汽车制造商向大量供应商

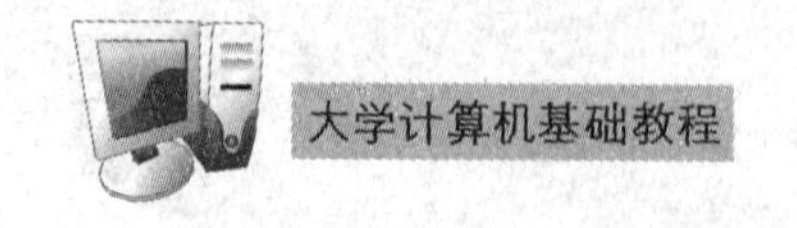

订购零件等。利用基于 Web 的技术，公司可以轻松处理大量事务。

5. 客户对客户的电子商务

这是指客户之间通过网络而进行的交易活动。如个人的物品、收藏品等通过网络拍卖来实现交易的目的，如图 6－30 所示的“中拍在线”网。该网站可以将自己的物品在网上拍卖，并通过网络进行商品的付款和交割手续。

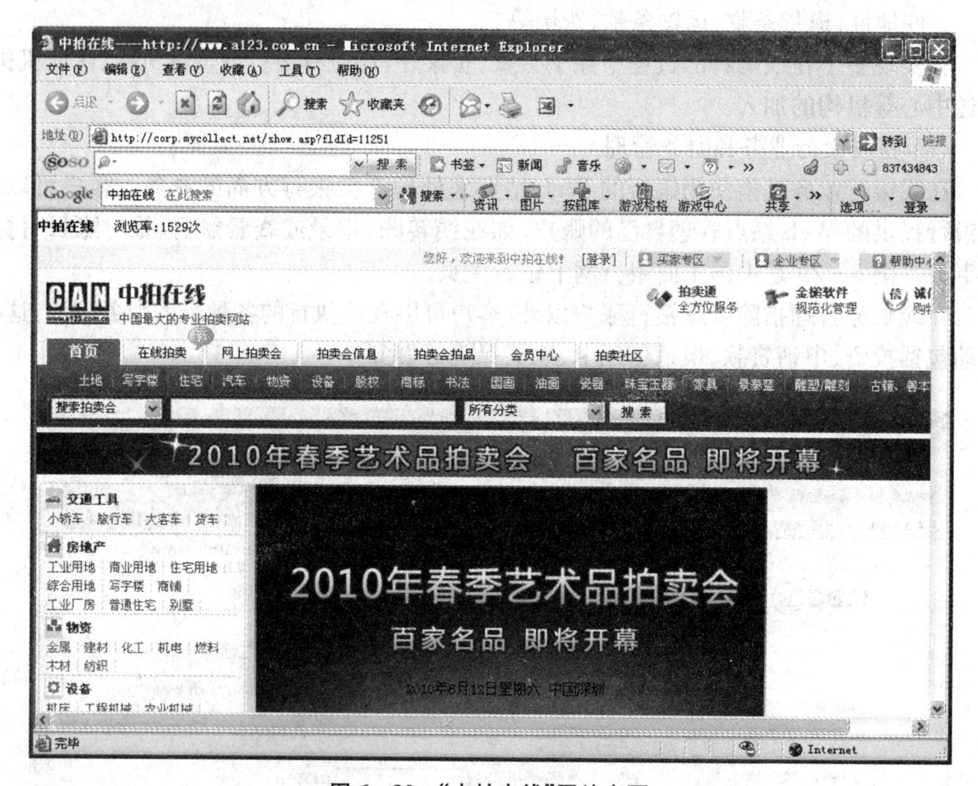

图 6－30 “中拍在线”网站主页

6. 电子商务模式的主要优势

(1) 具有高效畅通的信息流，信息交互能力丰富快捷，能够快速获取市场信息；

(2) 及时扩大企业销售渠道，降低交易成本，减少库存，缩短生产周期；

(3) 及时了解市场需求及用户的需求提供更高效的客户服务以及全天候的交易时间；

(4) 促进企业管理模式创新，提高企业工作效率，降低销售成本，增加全球商业机会等。

越来越多的企业已经认识到，在以计算机、通信、网络为代表的信息产业快速发展的时代，实现电子商务是企业能够在全球化市场竞争中生存、发展的必由之路。

6.5.2 电子政务

1. 什么是电子政务

所谓电子政务，就是应用现代信息和通信技术，将管理和服务通过网络技术进行集成，在互联网上实现组织结构和工作流程的优化重组，超越时间和空间及部门之间的分隔限制，向社会公众提供优质、规范、透明且符合国际水准的管理和服务。电子政务作为电

子信息技术与管理的有机结合，成为当代信息化的最重要的领域之一，图 6－31 是一个简单的电子政务系统的结构。

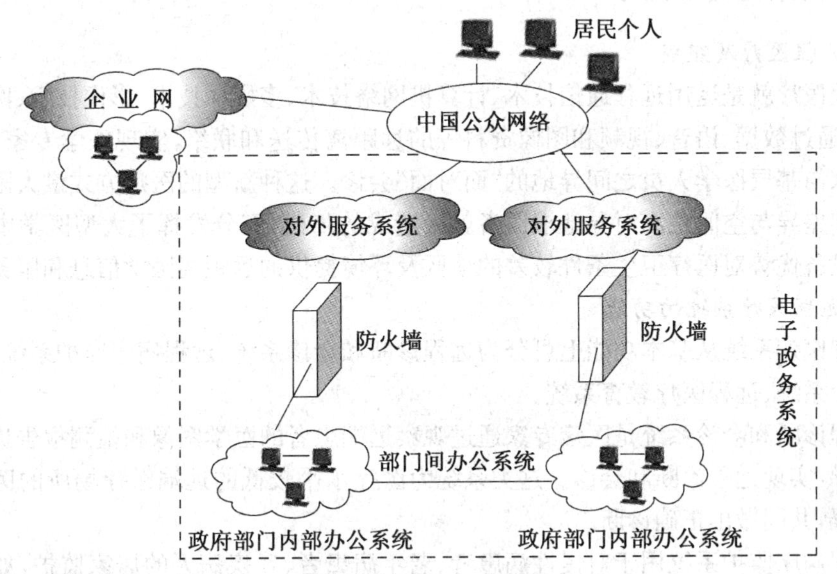

图 6－31　电子政务系统

2. 电子政务的分类

从服务对象来分，电子政务主要包括以下几个方面：

● 政府间的电子政务(Government to Government，简称 G2G)；

● 政府对企业的电子政务(Government to Business，简称 G2B)；

● 政府对公民的电子政务(Government to Citizen，简称 G2C)。

(1) 政府间的电子政务是指不同地方政府、不同政府部门、上下级政府之间的电子政务，主要包括：电子法律法规、政策规章、政府电子公文、电子司法档案、电子财政管理、电子应急管理、电子自动化办公系统等。从而能够实现政府部门内部的电子化和网络化办公，以及信息共享和实时通信。

(2) 政府对企业的电子政务是指政府通过电子网络系统进行电子采购与招标、电子税务登记、税务申报与查询、企业各类证照的申请、审核和办理等。从而快捷迅速地为企业提供各种信息服务。

(3) 政府对公民的电子政务是指政府通过电子网络系统为公民提供的各种服务，主要包括：建立覆盖地区甚至国家的社会保险网络，为公民提供全面的医疗服务信息，向公民提供工作机会和就业培训服务，提供交通管理服务，电子证件服务，教育培训服务等。通过网络，实现政府与民众之间进行的双向信息交流。

开展电子政务建设的意义在于通过网络实现信息资源的共享，有效地提高政府城市管理、市场监控和为民服务的能力。政府部门、各级领导通过网络及时了解、指导和监督各部门的工作，既提高办事效率，增加办事执法的透明度，又节省政府开支，起到反腐倡廉的作用。同时，通过电子政务进一步建立政府与人民群众直接沟通的渠道，为社会提供更广泛、更便捷的信息与服务，发挥政府信息网络化在社会信息网络化中的重要作用。

6.5.3 健康与远程医疗

1. 远程医疗及组成

远程医疗就是运用远程通信技术、计算机网络技术、多媒体技术、影像技术、医疗技术与设备，通过数据、语音、视频和图像资料等的远距离传送和联络，实现医学专家与病人、医学专家与基层医学人员之间异地的“面对面”会诊。这种新型的医疗方式最大限度地克服了时间差异与空间距离对异地求医者就诊造成的障碍，充分发挥了大型医学中心医疗技术和设备优势对医疗卫生条件较差的地区及环境提供的远距离医学信息和服务。

2. 远程医疗系统的功能

远程医疗系统从基本功能上可分为远程诊断和会诊系统、远程病床监护系统、远程手术及治疗系统、远程医疗教育系统。

远程诊断和会诊系统是医疗专家通过观察远端患者的医学图像和检测报告进行远程医疗指导，实现远程诊断和会诊。这类系统为医疗水平较低的远端医疗场所的医生提供咨询建议，共同做出正确诊断。

远程病床监护系统用于对慢性病患者、老年病患者、残疾病人的居家监护，如对远端患者的心电图、电压、体温、呼吸等主要生理参数进行监测。这类系统也可用于对野外工作队、探险队、宇航人员的医疗监护，实现远程医疗咨询、指导。

远程手术及治疗系统是一种可控交互式远程医疗系统，对远端患者施行必要的手术治疗和处理。为了实现远程手术，对医学精密仪器、遥控、传感技术都提出了更高的要求。

远程医疗教育系统能够通过视频会议和远方的同行进行“面对面”的沟通和医疗咨询，或者针对某一课题展开深层次的讨论和交流学习。通过远程医疗系统及相关设备，医生身处异地就可以开展学术会议，进行学术交流，节省了大量的进修和会议费用，如图 6－32 所示。

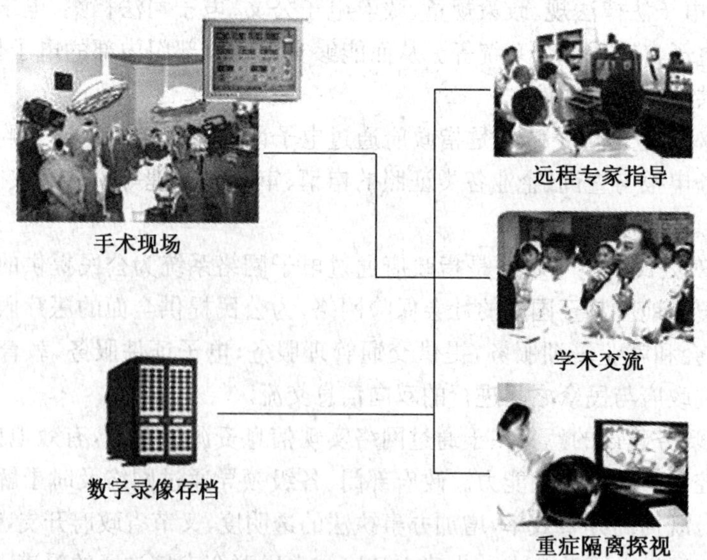

图 6－32 远程医疗

3. **远程医疗的主要优势**

(1) 充分利用和共享社会优质的医疗资源,可以良好地管理和分配农村和偏远地区的医疗服务,远程医疗系统可以传输高质量的图像,为医生调用远地病人数据库中的病史资料(包括 X 光片、CT 图片等)奠定了良好的基础。通过将各种临床病历资料、图像数据等传送到有确诊能力的远程会诊中心来诊断。

(2) 可以使医生突破地理范围的限制,共享病人的临床病历和诊断资料,共同为疾病患者服务。

(3) 有利于临床医学研究的发展,可以为偏远地区的医务人员提供较好的医学咨询和技术培训。

(4) 能使患者直接快速地得到知名专家的会诊或诊断,从而把握最佳的治疗时机。拉近了医生与病人之间的距离,避免了患者及家属长途奔波,为病人节省了大量的旅途开支,从根本上减轻患者及其家属的经济和精神负担,通过远程医疗能够花最少的钱得到最优秀的医疗专家提供的诊疗服务。

4. **医疗网站**

随着计算机网络和数字化技术的快速发展,以网上健康咨询、诊断等方式获取医疗信息是远程医疗的又一项内容。

近年来,大量涌现的医疗网站具有信息成本低、受众面广、不受时间和空间限制的优势。网络跨越了由于时间和地域造成的阻碍,使得更多的患者能随时直接与医生沟通,获取医疗建议,得到看病前、看病中、看病后的全过程和全方位的咨询和服务。市民足不出户即可获得最新的医学知识、研究成果和健康保健咨询。而医疗网站则利用其交互性的特点为世界不同角落的每一个市民提供个性化服务,包括建立多媒体医疗保健咨询系统,网上挂号、远程会诊、顾问咨询、家庭医生等等。其目的是提高医疗保健及服务的水平,如图 6-33 所示。

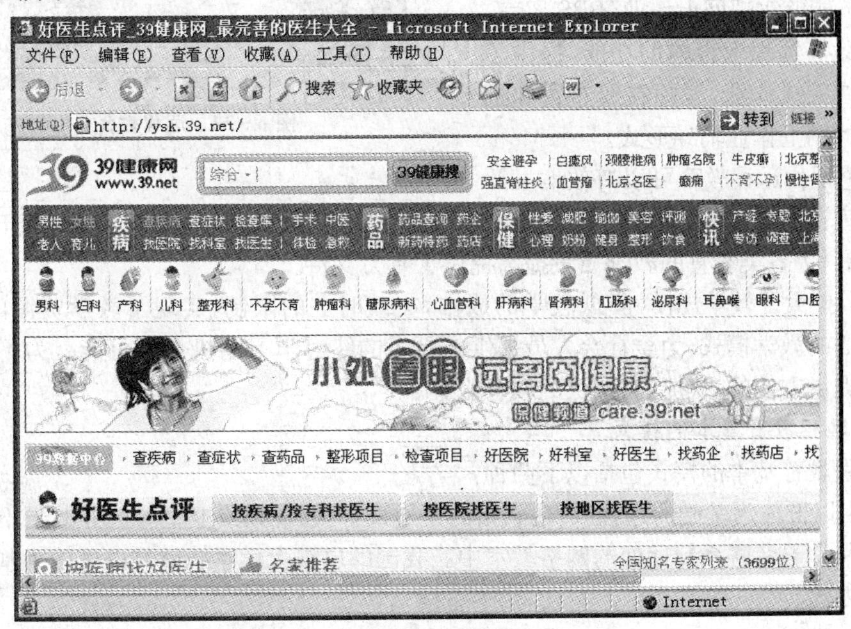

图 6-33　健康网

5. **展望**

基于第3代移动通信和互联网的远程医疗系统是一种无线远程医疗和远程监护系统，它是在移动通信和多媒体网络技术相结合的基础上提出的一套全新的移动健康护理信息系统。无线上网技术将改变现有的远程医疗模式，使患者能在任何地方、任何时候都能通过网络及时得到医生的帮助和救护，特别是在偏远地区和事故突发地以及战场上，更需要这种系统的支持。

随着网络技术和医疗科技的飞速发展，远程医疗正日益渗透到医学的各个领域。高质量的远程医疗有助于提高全民健康水平。

6.5.4 远程教育

远程教育是利用互联网、卫星以及其他所有通信技术手段将集中的优秀教学资源传输到分散在不同时空的远程学员的一种新型教育方式。它具有时空自由、资源共享、系统开放、便于协作等优点，是强调以学生为主体的在数字化环境下进行交互式的学习方式。

1. **远程教育特点**

(1) 现代远程教育以多媒体技术和计算机网络为支撑，传播包括图、文、声、像在内的覆盖全教学系统的各种信息内容，采用特定的传输系统和传播媒体进行教学；信息的传输方式多种多样；学习的场所和形式灵活多变，从而形成交互式的教学模式。

(2) 可以实现实时可视远程授课、授课点播、同步课业辅导、远程讨论交流、智能考试和成绩管理、交互咨询答疑等丰富的功能，突破了课堂教学和课本教学信息单一化的局限，如图 6 - 34 所示。

图 6 - 34　远程教育

(3) 能够实现网上作业、BBS 留言、资源下载等远程教育辅助功能，提供了学生在线完成作业，教师在线布置和批阅作业的网上作业辅导形式。

(4) 现代远程教育可以有效地发挥各种教育资源的优势，能将多学科、多层次的丰富信息，通过多种途径传播，有利于学习者全面发展，为各类教育的教学质量提高提供了有力支持。

(5) 扩大了教学规模，降低教学的成本，突破时空的限制，实现了教学资源的共享。自主灵活的教学模式，为全社会人员提供了更多的终身学习的机会和可能。为不同的学习对象提供方便的、快捷的、广泛的教育服务。

2. **远程教育基本的模式**

远程教育基本的模式包括以下两种：

(1) 以群体为基础的远程教育：它指的是通过音频、视频或卫星等把分散于不同地方的教师和学习者联系到远处的网络教室中。我国的电视大学系统就是以群体为基础的远程教育方式。

(2) 以个别为基础的远程教育：这种体制的主要特征是科学地为个别学生准备远程教材，以及为在远程学习的学生设计学习辅助系统。互联网的飞速发展，为以个别为基础的远程学习创造了条件。

随着卫星、光缆和电视以及各种双向交互式电子通信技术的发展和应用，特别是随着全球计算机网络和多媒体技术的发展，现代远程教育将会得到更大的发展。大力发展现代远程教育，对于促进我国教育的普及和建立终身学习体系，实现教育的跨越式发展，具有重大的现实意义。

6.5.5　数字图书馆

1. 数字图书馆的定义

数字图书馆是用数字技术处理和存储各种图文并茂文献的图书馆，是一种多媒体制作的数字信息资源系统。它把各种不同载体、不同地理位置的信息资源用数字技术存贮起来，是一个数字化的、超大规模的、便于使用的、没有时空限制的知识中心。具有信息资源的生成、加工、存储、检索、传输、发布和利用等功能。

2. 数字图书馆的特征

数字图书馆与传统图书馆相比较具有以下特征：

(1) 信息资源数字化

数字图书馆的本质特征就是利用现代化信息技术和网络通信技术，将各类传统介质的图书、音像资料、文献等进行压缩处理并转化为数字信息。数字图书馆具有海量的存储能力，解决了传统图书馆的图书、音像资料存放和保养方面的诸多问题，如占用大量空间、保存时间短等。

(2) 信息传递网络化

在信息资源数字化的基础上，数字图书馆正通过计算机网络，以高速度、大容量的计算机和网络体系，将世界各国的图书馆和无数台计算机联为一体。信息传递的网络化，带来了信息服务的跨时空性、信息利用的开放性等特点。读者在网上阅览电子图书和点播多媒体信息资源，不受地域和时间的限制。

(3) 信息资源共享化

数字图书馆是一个分布式的图书馆群体，它通过高速互连的计算机网络，把大量分布在不同地域或国家的众多图书馆或信息资源单位组成联合体，把不同地理位置上及不同类型的信息按统一标准加以有效存储、管理，并通过易于使用的方式提供给读者，体现出了跨地域、跨国界的资源共建的协作与资源共享的便捷。众多图书馆能够借助网络共享各类数字信息；读者可以通过计算机网络，在任何时候、任何地方对远程数据库进行浏览、检索，获取所需的信息资源，达到高度的资源共享。

(4) 信息管理自动化

数字图书馆实现了传统图书管理系统的计算机化、自动化，提供了基于 Web 的检索、浏览、预约、续借等功能，使图书的借还管理、书目查询、用户管理、统计报表等手工工作得到了很大简化，大大提高了管理效率。

(5) 信息提供的多样化

数字图书馆是数字化多媒体信息库，数字图书馆的存储介质已不限于印刷体，它具有图、文、声、像、影视等多种媒体，其存储的载体也相应地有光盘、录音带、录像带以及各种类型的数字化、电子化装置。它通过多媒体、超文本、超媒体等技术，提供智能化的信息检索手段，向读者展示各种生动、具体、形象、逼真的信息。

与传统图书馆不同，数字图书馆将逐步实现由文献的提供向知识提供的转变，将各类数字信息资源，在知识单元的基础上进行有机的重组、分类，建立基于知识服务的数字化平台，以动态分布的方式为用户提供服务。

3. 数字图书馆的作用

(1) 便于信息资源的管理、存储和共享

数字图书馆将会从根本上改变传统的文化信息资源保存、管理、传播、使用的手工方式，克服文化信息资源得不到有效利用和共享的弊端，解决资源的数字化存储及共享，其海量的存储能力能够满足社会信息量急剧增加的需求。数字图书馆以互联网为传递手段，把分布在不同地区和单位的各种文献信息数据库系统连接起来，打破传统图书馆的时空界限，使信息量有可能无限增大，这就为实现跨行业、跨地区、跨国界的全球信息资源共享铺平了道路。

(2) 便于信息资源的检索查询

数字图书馆将各种信息资源进行有序的组织和加工、整理，并与分布在不同地点的数据库互联，从而为读者开辟了一条获取信息的高速公路。读者只要点击计算机键盘、鼠标，就可以从海量的数字信息库中迅速找到自己所需要的信息，实现信息检索的智能化、高速化。

(3) 便于知识信息的交流

数字图书馆以用户为重心，向不同行业、不同地区和国家的广大读者提供网上服务，从而实现了读者群体的全球化。读者无论何时、何地都可以通过全球高速网络的连接，从计算机上利用电子文献进行知识信息交流、从事学习和研究，或者通过远程计算机终端检索和阅读馆藏电子图书，点播音视频资料。

(4) 能够带动相关产业的发展

数字图书馆是大型高新技术项目，它的发展必将带动相关产业的发展。通过数字图书馆的建设，推动网络技术及其相关行业的发展，从而产生巨大的经济效益和社会效益。

(5) 实现全民终身教育

在信息时代，终身教育是提高全民素质，增强综合国力的重要手段。数字图书馆则会成为实施终身教育的大课堂。无论身处何处，只要联通数字图书馆的网络系统，就能方便地使用最新的科技、文化、教育信息资源，从而为提高我国国民素质教育提供良好的教育环境。

习　题

一、填空题

1. 信息系统由________、应用软件、系统管理员和用户等组成。

2. 在信息系统开发过程中，系统分析方法使用数据流图和________来对系统需求进行完整的描述。

3. DBMS的含义是________。

4. 面向对象方法的开发过程主要分为面向对象分析、________以及面向对象的实现。

5. 面向对象数据库使用了________作为数据库文件中的元素。

二、选择题

1. 下列信息系统中，属于操作层系统的是______。

A. 事务处理系统　　B. 管理信息系统

C. 专家系统　　D. 决策支持系统

2. 以下各方法中，不属于信息系统开发方法的是______。

A. 生命周期法　　B. 原型法

C. 面向对象的方法　　D. 递归法

3. 在信息系统开发中除了软件工程技术外，最重要的核心技术是基于______的设计技术。

A. 结构　　B. 模块　　C. 数据库系统　　D. 面向对象

4. 数据字典的英文缩写词为______。

A. DD　　B. DFD　　C. DB　　D. DBS

5. 系统设计阶段的主要任务是______。

A. 生成逻辑模型　　B. 调查分析

C. 将逻辑模型转换成物理模型　　D. 系统实施

6. 瀑布模型的整个过程划分为三个阶段，以下不属于瀑布模型划分阶段的是______。

A. 定义阶段　　B. 开发阶段　　C. 设计阶段　　D. 维护阶段

7. 需求分析阶段的任务是确定______。

A. 软件开发方法　　B. 软件开发工具

C. 软件开发费用　　D. 软件系统的功能

8. 数据库系统设计各阶段的正确步骤是______。

A. 逻辑设计→概念结构设计→物理设计

B. 物理设计→概念结构设计→逻辑设计

C. 概念结构设计→逻辑设计→物理设计

D. 逻辑设计→物理设计→概念结构设计

9. 将两个关系模式的若干属性通过主关键字连接生成一个新的关系模式的操作是______。

A. 交　　B. 连接　　C. 选择　　D. 投影

10. 以下关于关系的描述中,错误的是______。

A. 关系是元组的集合,元组的个数可以为 0

B. 关系模式反映了二维表的静态结构,是相对稳定的

C. 对关系操作的结果仍然是关系

D. 关系模型的基本结构是层次结构

11. 用二维表来表示实体及实体之间联系的数据模型称为______模型。

A. 关系　　B. 层次　　C. 网状　　D. 面向对象

12. 采用结构化生命周期方法开发信息系统中,经过系统设计阶段后,下一步应进入______阶段。

A. 系统规划　　B. 系统维护　　C. 系统分析　　D. 系统实施

13. 有下列 2 个关系模式:

学生 S(学号 S#,姓名 SN,课程号 C#)

选课 C(课程号 C#,课程名 CN,学时 CH)

其中学号是关系 S 的主关键字,课程号是关系 C 的主关键字,则课程号是关系 S 的______。

A. 主关键字　　B. 候选关键字　　C. 外部关键字　　D. 组合关键字

14. 有下列 3 个关系模式:

学生 S(学号 S#,姓名 SN,性别 SS)

课程 C(课程号 C#,课程名 CN)

学生选课 SC(学号 S#,课程号 C#,成绩 G)

若用 SELECT 语句查找选修课程名为“大学语文”课程、成绩大于 80 分的学生姓名,必须进行关系______的连接。

A. S,C,SC　　B. SC　　C. SC,C　　D. S,C

15. SQL 的 SELECT 语句中,利用 WHERE 子句能实现关系操作中的______操作。

A. 选择　　B. 投影　　C. 连接　　D. 排序

16. 选取关系中某些属性而构成一个新的关系,这种关系运算称之为______。

A. 选择　　B. 投影　　C. 连接　　D. 搜索

17. 关系操作中的排序运算对应 SELECT 语句中的______。

A. SELECT　　B. FROM　　C. WHERE　　D. ORDER BY

三、判断题

1. 信息系统可促使企业向信息化方向发展,为企业带来更高的经济效益。(　　)
2. 网状模型只能表示多对多的关系。(　　)
3. 在关系模型中每个属性对应一个域,不同的属性不能具有相同的值。(　　)
4. 从信息处理的深度进行划分,决策支持系统属于信息分析系统。(　　)
5. 远程教育具有时空自由、资源共享、系统开放、便于协作等优点。(　　)

四、简答题

1. 简述什么是信息系统。

2. 什么是软件工程？软件工程的三要素是什么？
3. 简述结构化生命周期法把信息系统的开发过程划分为哪几个阶段。
4. 简述关系数据库设计有哪几个阶段。
5. 简述电子商务的分类有哪些。
6. 简述数字图书馆的主要特征。

习题答案

第1章

一、填空题

1. 计算与存储技术 2.通用 专用 3. 信宿 4. 0 5. 3FF

二、选择题

1. D 2. C 3. C 4. D 5. C 6. C 7. B 8. C 9. B 10. B

三、判断题

1. T 2. F 3. F 4. F 5. F

第2章

一、填空题

1. 中央 2. 内存 3. 指令 4. 64 5. CPU 6. DRAM 7. 平板

二、选择题

1. B 2. A 3. D 4. D 5. B 6. A 7. C 8. B 9. D 10. B

三、判断题

1. F 2. F 3. T 4. T 5. T 6. T

第3章

一、填空题

1. 系统软件 2. 数据结构 3. 1 4. 机器语言、高级语言 5. 对象

二、选择题

1. A 2. A 3. C 4. C 5. D 6. B 7. D 8. A

三、判断题

1. T 2. F 3. F 4. F

第4章

一、填空题

1. 文件 2. 环型 3. 服务器 4. 6,4 5. B 6. 5 7. abcd@public. ptt. tj. cn 8. Telnet

二、选择题

1. D 2. C 3. C 4. C 5. B 6. C 7. D 8. D 9. D 10. D

三、判断题

1. T 2. F 3. F 4. T 5. T 6. T 7. T 8. F

第5章

一、填空题

1. 超文本　2. 16　3. 3　4. 64

二、选择题

1. D　2. D　3. A　4. B　5. C　6. C　7. C　8. B

三、判断题

1. F　2. T　3. T　4. F　5. F

第6章

一、填空题

1. 系统资源　2. 数据字典　3. 数据库管理系统　4. 面向对象设计　5. 对象

二、选择题

1. A　2. D　3. C　4. A　5. C　6. C　7. D　8. C　9. B　10. D　11. A　12. D　13. C　14. A　15. A　16. B　17. D

三、判断题

1. T　2. F　3. F　4. T　5. T

参考文献

[1] 张福炎. 大学计算机信息技术教程. 南京:南京大学出版社,2009
[2] 顾刚. 大学计算机基础. 西安:西安交通大学出版社,2007
[3] 张敏霞,孙丽凤. 大学计算机基础. 北京:电子工业出版社,2005
[4] 李秀. 计算机文化基础. 北京:清华大学出版社,2003
[5] 陈炼. 计算基础与应用教程. 北京:北京理工大学出版社,2007
[6] Brian K. Williams,Stacey C. Sawyer 原著. 冯飞,姜玲玲译. 信息技术教程(第 7 版). 北京:清华大学出版社,2009
[7] 张基温. 大学生信息素养知识教程. 南京:南京大学出版社,2007
[8] 张宏. 大学计算机基础. 南京:南京大学出版社,2007
[9] June Jamrich Parsons,Dan Oja 原著. 吕云翔,傅尔也译. 计算机文化. 北京:机械工业出版社,2009
[10] 江力. 通信原理. 北京:清华大学出版社,2007
[11] 汤子瀛,哲凤屏,汤小丹. 计算机操作系统. 西安:西安电子科技大学出版社,2001
[12] 宗大华,陈吉人. 数据结构. 北京:人民邮电出版社,2008
[13] 刘淳. Visual FoxPro 数据库与程序设计. 北京:中国水利出版社,2007
[14] 丁志云. 大学计算机信息技术导论. 北京:电子工业出版社,2009